Descubre el medio ambiente

David Suzuki

En colaboración con Barbara Hehner

ONIRO

Colección dirigida por Carlo Frabetti

Título original: *Looking at the Environment*
Publicado en inglés por Stoddart Publishing Co. Limited

Traducción de Joan Carles Guix

Diseño de cubierta: Valerio Viano

Ilustración de cubierta: Horacio Elena

Ilustraciones del interior: Maureen Shaughnessy

Distribución exclusiva:
Ediciones Paidós Ibérica, S.A.
Mariano Cubí 92 – 08021 Barcelona – España
Editorial Paidós, S.A.I.C.F.
Defensa 599 – 1065 Buenos Aires – Argentina
Editorial Paidós Mexicana, S.A.
Rubén Darío 118, col. Moderna – 03510 México D.F. – México

ISBN: 84-9754-048-4
Depósito legal: B-1.565-2003

Impreso en Hurope, S.L.
Lima, 3 bis – 08030 Barcelona

Impreso en España – *Printed in Spain*

Índice

Para Severn, Sarika y Joshua,
y para los niños de todo el mundo, que heredarán
lo que los adultos le estamos haciendo a la Tierra,
y también en memoria de Chico Mendes.

NOTA IMPORTANTE PARA NIÑOS Y ADULTOS

Verás este ✋ signo de advertencia en algunos
de los apartados titulados **EXPERIMENTO**.
Significa que debes pedir ayuda a una persona
mayor. Para realizar el experimento,
tal vez necesites utilizar agua hirviendo
o cortar algún objeto con un cuchillo.
Debes tener siempre mucho cuidado.
Y para que las personas mayores no se aburran
tanto, vamos a pedirles que colaboren
en los experimentos, ¿o es que sólo
van a divertirse los niños?

Estamos juntos en esto

El término «medio ambiente» se oye muy a menudo en la actualidad. Muchos programas de la televisión y artículos de revistas hablan de cómo algunos seres humanos poco cuidadosos dañan el medio ambiente. Generamos demasiados residuos y emitimos al aire sustancias químicas tóxicas. Pero ¿qué es en realidad el medio ambiente y dónde está?

Cuando te levantas de la cama por la mañana, estás en tu medio ambiente. Tu cama, tu habitación y toda la casa forman parte de él. Las otras personas de la casa también forman parte de tu medio ambiente. En realidad, todo lo que tienes a tu alrededor, vivo o inerte, forma parte de tu medio ambiente o entorno. Tu comunidad es un gran medio ambiente que te rodea.

La mayoría de nosotros vivimos en las ciudades en casas de madera, de ladrillos, unifamiliares o en edificios de apartamentos. Compramos la mayor parte de la comida y de la ropa en las tiendas, nos desplazamos en automóvil y vemos la televisión. Los seres humanos somos lo bastante inteligentes para inventar máquinas y diseñar y construir los emplazamientos donde vivimos, pero a menudo nos olvidamos de que aún formamos parte de la naturaleza.

Respira profundamente. Acabas de inhalar el aire que ha entrado en tus pulmones. ¿Sabías que una parte de este aire estuvo en su día en el interior de otra persona, de un perro, de un pájaro, de un árbol y de una mosca? Inhalamos y exhalamos el aire que viaja por todo el mundo. Esto significa que compartimos el aire con todas las demás criaturas de la Tierra.

Llena un vaso de agua del grifo. ¿Sabías que una porción de esa agua formó parte de las nubes del cielo? Otra parte estaba dentro de los árboles, en el bosque; otra en el subsuelo; y otra en los ríos y arroyos. El agua se recicla constantemente.

Abre el frigorífico o el armario de la cocina y echa una ojeada a la comida. La carne, los huevos, la leche, el pan, el azúcar y las frutas provienen de las plantas y de los animales que, en su día, tuvieron vida.

Ahora piensa en los objetos de tu casa. Las sábanas de algodón proceden de las semillas de una planta. La manta de lana se confeccionó a partir del pelo de una oveja. El papel y la madera proceden de los árboles. La gasolina o el gas para los hornos y los automóviles tiene sus orígenes en plantas que vivieron hace millones de años. Sin la naturaleza no tendríamos cobijo, ni cosas para calentarnos, ni nada que comer. En realidad, ¡ni siquiera estaríamos aquí!

Como puedes ver, dependemos de la naturaleza para las cosas más importantes de nuestra vida. Aunque seamos capaces de construir e inventar muchas cosas, seguimos compartiendo el entorno natural con los demás animales y plantas. Incluso lo compartimos con unos diminutos seres vivos llamados microorganismos (son tan pequeños que sólo se pueden apreciar a través de un microscopio). Todos los seres vivos del planeta están conectados y se necesitan. El resto del libro te explicará por qué.

EXPERIMENTO

Comparte el entorno

Hace algunos años, recibí la visita de un extranjero. Le encantaban las preciosas flores amarillas, tan brillantes, que veía crecer en los campos y en el césped. Mi invitado se sorprendió cuando le conté que la mayoría de los canadienses intentaban deshacerse del diente de león. Cuando puedes ver por todas partes ciertas flores, montañas, nieve, playas o árboles en otoño, te acostumbras. Quizá sigues disfrutando de ellos, pero te olvidas de lo hermosos que pueden resultarle a una persona que jamás los haya visto.

Si tienes amigos o parientes que vivan lejos, comparte tu entorno con ellos. Si vives cerca del mar, puedes mandarles una linda concha o un fragmento de madera de playa. También puedes llenar un bote de cristal con arena fina y blanca. Si vives cerca de algún bosque, puedes mandarles una piña. No importa dónde vivas, siempre puedes encontrar piedras interesantes, plumas y flores bonitas que puedes prensar. En la biblioteca encontrarás libros que te enseñarán a secar y prensar las flores.

Nota: Si no tienes ningún amigo que viva lejos, no resulta difícil hacer alguno. A menudo, las revistas infantiles contienen una página dedicada a hacer amigos por correspondencia. Asimismo, muchos periódicos dedican algunas páginas a publicar cartas de niños que buscan amigos por correspondencia. Este tipo de amigos supone una excelente forma de averiguar cosas sobre otras partes del mundo. Te asombrará la cantidad de entornos que constituyen el hábitat natural de algunas personas.

EXPERIMENTO

¿Cómo ha cambiado el medio ambiente?

¿Te acuerdas de la casa donde vivías hace cinco años? ¿Era más grande o más pequeña que la actual? ¿Estaba en el campo? ¿En un pueblo? ¿En la ciudad? Incluso si no os habéis mudado en los últimos cinco años, es muy probable que vuestro ambiente haya cambiado. Quizá tu habitación ha sido pintada de nuevo o se han puesto cosas nuevas en las casa.

Sal a la calle. ¿Hay edificios nuevos? ¿Crees que tu barrio está mejor o peor que hace cinco años? ¿Cuánto ha cambiado tu comunidad en estos cinco años? Puede ser que tenga casi la misma apariencia o que haya cambiado mucho. En algunos pue-

blos rurales situados en las proximidades de las grandes ciudades suelen edificarse muchísimas casas nuevas e incluso bloques de apartamentos.

Podrías confeccionar un póster o un álbum de recortes que muestre los cambios que se han producido en tu vecindario. Puedes utilizar fotografías del álbum familiar (pide permiso) o hacer dibujos de las diferencias (cómo era antes y cómo es ahora).

Si quieres profundizar un poco más en los cambios que se han operado en el barrio, te sugiero una actividad. Conversa con la gente mayor de tu comunidad acerca de cómo eran las cosas hace cuarenta o cincuenta años. Tal vez hubiera campos, granjas, etc., donde ahora se ubica parte de la ciudad. En ocasiones, las bibliotecas disponen de colecciones de fotografías que muestran el pueblo o ciudad hace cincuenta o cien años. Con un poco de suerte, quizá tengan alguna fotografía de tu calle o de tu propia casa.

DATOS ASOMBROSOS

No es el frío, es el ISC

¿En qué lugar de Canadá hace peor tiempo? ¿Dónde encontramos el mejor clima? Environment Canada decidió que los inviernos fríos y las fuertes nevadas no son las únicas cosas que pueden hacer que un lugar sea duro para vivir en él. Los veranos podrían ser demasiado cálidos y húmedos. Podría llegar a llover tanto que la gente apenas viera el sol durante meses. Environment Canada tuvo en cuenta todos estos factores y confeccionó el Índice de Severidad del Clima o ISC. Una puntuación de 1 significa el clima menos severo posible y una puntuación de 100 denota el clima más severo.

En la escala del ISC, Victoria, B. C. resulta la ciudad más agradable para vivir, con una puntuación de 13. Le sigue Vancouver con 18 y Calgary con 34. La peor puntuación la tiene St. John's Newfoundland con 56 puntos. Muy cerca, está Quebec, con una puntuación de 52. El peor tiempo se registra en la remota estación climática de Norwest Territories, ¡con una puntuación de 99! (¿Por qué crees que se salvó de tener 100 puntos?)

Criaturas nocturnas

Tu jardín forma parte de tu entorno. Lo compartes con toda clase de pequeñas criaturas. Algunas no las ves porque son nocturnas, lo que significa que están activas durante la noche. Te proponemos un modo de observarlas sin necesidad de pasarte la noche en vela.

Material necesario

Jarra de cristal con abertura ancha
Paleta de jardín
Trozo de madera pequeño y llano
Piedras pequeñas o pequeños trozos
    de madera

Procedimiento

1. Se trata de construir una trampa para las criaturas nocturnas. No les hará daño alguno, únicamente las retendrá hasta que puedas observarlas. Para ello, deberás cavar un hoyo en el jardín. Pide permiso a tus padres antes de hacerlo.

2. Realiza un hoyo tan grande como la jarra. Es necesario que sea lo bastante profundo para que la abertura de la jarra quede a nivel del suelo.

3. Cubre la jarra con el trozo de madera plano. Utiliza piedras o trozos pequeños de madera y colócalos a modo de tapadera de la jarra, aproximadamente a 1 cm de la misma. La tapadera impedirá que entre la lluvia. Si la lluvia entra en la jarra por la noche, tus cautivos podrían ahogarse.

4. Observa la jarra por la mañana. ¿Qué has atrapado? Puedes encontrar hormigas, escarabajos, ciempiés y otras

criaturas. Un libro de la biblioteca acerca de los insectos y otros bichos te ayudará a descubrir quiénes son estas criaturas nocturnas. Los insectos tienen seis patas. ¿Cuántas de tus criaturas nocturnas son, pues, insectos?

5. Intenta enterrar tu jarra en otras partes del jardín Puedes conseguir insectos distintos debajo de un árbol de los que encontrarías en pleno césped. ¿En los hoyos secos hay más insectos que en los húmedos?

Después de observar a los animalitos que has podido recoger, déjalos en libertad en el mismo sitio donde los encontraste.

Muy lejos de todas partes

En Tristan da Cunha, en el océano Atlántico, viven menos de trescientas personas. ¿Puedes encontrar esta isla en un mapa o en el globo terráqueo? Si los isleños se hartan de la compañía de los demás, tienen que recorrer un largo camino para encontrar nuevos amigos. Sus vecinos más cercanos están en la isla de Santa Helena, ¡a 2.120 km de distancia!

El mundo vivo

Imagina que unos visitantes curiosos e inteligentes vinieran a la Tierra procedentes del espacio exterior y le echaran un vistazo. Enseguida se darían cuenta de que el mundo se puede dividir en dos tipos de cosas: las animadas y las inanimadas. El mundo de los seres vivos se compone de animales, plantas y microorganismos, mientras que el inanimado consta de rocas, aire, agua, etc.

La mayoría de las veces es bastante sencillo distinguir lo animado de lo inanimado. Una piedra es inanimada, mientras que un conejo o un árbol son seres vivos. Pero ¿qué me dices de un pedazo de coral? Si lo observamos atentamente, podemos ver que una gran parte del coral es inanimada, una sustancia tan dura como una roca. Pero en su interior hay pequeños animales. Es decir, podemos afirmar que un arrecife de coral es una criatura viva e inanimada al mismo tiempo.

¿Cómo podrían los habitantes del espacio exterior apreciar la diferencia entre lo vivo y lo que no tiene vida? Siendo curiosos e inteligentes, utilizarían sus equipos especiales para aumentar el tamaño de los organismos más pequeños de la Tierra. A continuación, observarían con atención cómo están hechos. Verían que alrededor de cada microorganismo hay una pared (que los científicos llaman membrana) que separa el interior del organismo del mundo exterior.

La membrana y lo que tiene dentro se denomina célula. Los organismos pueden estar compuestos de una única célula o de varias. Una persona adulta media, por ejemplo, tiene 100.000.000.000.000 (cien billones) de células. Las células se pueden dividir y formar dos células idénticas. De hecho, así es como creces. A medida que te vas haciendo mayor, los pies y otras partes del cuerpo crecen porque sus células se están dividiendo.

Una membrana celular, al igual que la pared de una casa, tiene «puertas» y «ventanas» para permitir la entrada y la salida de las cosas. Una célula crece y se mantiene sana absorbiendo los elementos químicos que necesita de su membrana. Los residuos también salen de la célula a través de su membrana. Las células reaccionan a los cambios que se producen en su entorno: altura, calor o frío, oscuridad o luz. Utilizan la comida e intentan desechar los tóxicos. Los seres vivos formados por células pueden hacer todas estas cosas; los inanimados no.

Existen millones de clases de seres vivos, es decir, de plantas y de animales en la Tierra. Cada tipo de planta o animal que se puede reproducir se denomina especie. ¿Cuántas especies hay en el mundo? Los científicos creen que entre 10 y 30 millones pero sólo tienen identificadas alrededor de 1,4 millones. No obstante, saben que faltan muchas por descubrir, especialmente en los océanos y en los bosques tropicales.

En Canadá, sólo en una hectárea de bosque, podríamos encontrar entre 10 y 20 especies diferentes de árboles. En una hectárea de bosque a orillas del río Amazonas de América del Sur, pueden haber 300 especies de árboles. En una ocasión, un científico encontró tantas especies de hormigas en un solo árbol de Perú como las que hay en toda Gran Bretaña. Pero la gente tala los árboles tropicales tan deprisa que muchas especies se están extinguiendo. Esto significa que están desapareciendo para siempre de la faz de la Tierra antes de que los científicos las hayan descubierto.

¿Cuántos grupos de plantas y animales existen? De las 1,4 millones de especies identificadas, 250.000 son plantas, 750.000 son insectos y 41.000 especies son vertebrados (animales provistos de columna vertebral). Las especies restantes son microorganismos, hongos e invertebrados (animales sin columna vertebral), tales como la estrella de mar, las esponjas, los gusanos y los calamares.

De los animales vertebrados, unas 25.000 especies son peces, 9.000 son aves, 4.000 son reptiles, 3.500 son anfibios y 4.300 son mamíferos. Probablemente ya sabrás que nosotros somos una de las especies de mamíferos. Pertenecemos a un grupo de 220 especies denominado primates, que compartimos con los gorilas y los chimpancés.

Como puedes observar, los primates se ven superados en número por los insectos. Lo cierto es que el 90 % de los animales del mundo son insectos. Antes de correr en busca de un insecticida, piensa en lo siguiente: menos de uno entre mil insectos causa problemas a los seres humanos. Los insectos ocupan un lugar importante en el mundo, pues ayudan a crecer a las plantas y constituyen el alimento de miles de animales. Además, si observas de cerca una mariposa o una mariquita, te darás cuenta de que los insectos son fascinantes y a menudo muy hermosos.

DATOS ASOMBROSOS

Una casa diminuta para un pez pequeño

La cría de raya sólo vive en un lugar del mundo. Este pez diminuto sólo nada en un pequeño estanque de cierto lecho rocoso en Nevada (¡y en ningún otro lugar del planeta!). Durante el verano, cuando el sol brilla en el lecho de rocas, puede haber unas setecientas crías en el estanque. En invierno, cuando no da el sol en el estanque, el número de peces se reduce hasta unos doscientos.

Asombroso y en peligro de extinción

En los primeros libros de esta colección, hablamos de una asombrosa planta denominada rafflesia y de una mariposa llamada reina Alexandra. Actualmente, ambas especies están en la lista de especies en peligro de extinción elaborada por el UICN (Unión Internacional para la Conservación de la Naturaleza y los Recursos Naturales), cuyos miembros son grupos que intentan proteger el medio ambiente en todo el mundo.

La rafflesia de Sumatra es la flor más grande del mundo. Se trata de una planta gigantesca de color naranja y rojo que pesa unos 12 kg. Vive en las raíces de las parras del bosque. A medida que el bosque va siendo talado, esta extraña flor va desapareciendo. Por su parte, la reina Alexandra se descubrió en una región de Nueva Guinea. Se trata de la mariposa más grande de la Tierra, con una envergadura de 21 cm. Sólo vive en un tipo de parra, de unos 40 m de altura, entre las copas de los árboles. Los leñadores están arruinando el único hábitat de este insecto.

A la caza de las huellas

La próxima vez que vayas de paseo por algún lugar donde la tierra sea blanda, busca huellas de animales. Si llevas el material necesario, incluso podrás llevártelas a casa.

Material necesario

Saco u otra bolsa
Saco pequeño de yeso
Jarrón de agua
Cuchara
Tiras de cartón de unos 10 cm
   de ancho y 12 cm de largo
Cinta adhesiva
Vaselina

Procedimiento

1. Pasea por la tierra blanda, pero no encharcada, a lo largo de la orilla de un riachuelo o por el fango después de la lluvia. Busca huellas de animales.

2. Cuando encuentres una huella buena y clara, cepilla los restos de suciedad, hierba o piedras.

3. Pega una tira de cartón para formar una barrera circular alrededor de la huella y hunde la tira en el fango.

4. Mezcla el yeso con el agua hasta que tenga la consistencia de una crema de helado.

5. Vierte la mezcla encima de la huella hasta cubrirla unos 2 o 3 cm aproximadamente. Deja que se seque durante unos 20 minutos.

6. Cuando el molde esté duro, sácalo y retira los restos de suciedad. Llévatelo a casa.

7. Ahora tienes un molde negativo (con volumen) de la huella que encontraste. Si quieres hacer una huella positiva (honda, como la pisada que encontraste), te costará un poco más de trabajo.

8. Cubre la huella negativa con vaselina.

9. Con otra tira de cartón de 3 cm de ancho, rodea la huella.

10. Vierte yeso encima y espera a que se seque.

11. Cuando el yeso se haya endurecido, saca los dos moldes. El segundo debe tener la forma de la huella que encontraste durante tu paseo.

Gusanos

A las lombrices de tierra se las llama «las amigas de los granjeros». Mientras cavan túneles a través de la tierra, confeccionan canales por los cuales puede entrar el agua y el aire. Los gusanos de tierra también pueden atravesar el fango, igual que lo haría una persona con una azada. Arrastran hojas y otros trozos de comida hacia abajo. Estos elementos se van descomponiendo y enriquecen el suelo. Observa cómo trabajan los gusanos.

Material necesario

Jarrón con abertura ancha
Tierra de jardín de buena calidad
Arena
Comida para gusanos: hojas de verduras, hierba, zanahoria, piel de patata, granos de café, etc.
3 o 4 gusanos de tierra (el momento idóneo para encontrarlos es después de la lluvia, ya que salen a la superficie)
Trozo de media transparente vieja
Cinta elástica
Hoja de cartulina negra

Procedimiento

1. Llena el jarrón de arena y tierra para jardín hasta ¾ de su capacidad. El orden correcto de los estratos es el siguiente: arena, tierra, arena, tierra. Humedece los estratos de tal modo que no estén secos, pero tampoco empapados. Demasiada agua podría matar a las lombrices.

2. Coloca pedacitos de comida para gusanos encima del último estrato. Pon los gusanos en el jarrón.

3. Estira el trozo de media a modo de tapadera del jarrón y sujétala con la cinta elástica.

4. A los gusanos no les gusta la luz. Pega cartulina negra alrededor del recipiente y colócalo en un lugar fresco y oscuro. Cambia la comida a diario por comida fresca. ¿Cuál es el alimento que más les gusta?

5. Humedece la tierra con unas cuantas gotitas de agua si lo crees necesario. No molestes a las lombrices excepto para humedecer la tierra y cambiar la comida. Intenta no molestarlas durante una semana para que se acostumbren a su nueva casa.

6. Échales un vistazo. ¿Qué cambios han realizado en el recipiente? ¿Aún están separados los estratos de tierra y arena? ¿Han practicado túneles? ¿Has podido ver algún gusano llevarse comida de la superficie?

7. Después de cuidar a los gusanos durante varias semanas, déjalos en libertad en el mismo lugar donde los encontraste.

¿Qué es la ecología?

¿Alguna vez has tenido lebistes o peces de cualquier otra especie? Si la respuesta es afirmativa, ya sabes lo que cuesta mantenerlos sanos. Debes poner plantas en su acuario para que el agua esté siempre limpia. Estas plantas necesitan luz solar, aunque no mucha porque si no el agua estaría demasiado caliente. Hay que vigilar regularmente la temperatura del acuario. Quizá hayas añadido caracoles para que no creciesen algas. No obstante, a veces los caracoles se reproducen en exceso y no queda otro remedio que retirar algunos. Debes añadir constantemente agua al acuario, ya que se evapora. Y por supuesto, tienes que alimentar a los peces.

¿Te has preguntado cómo acontecen estas cosas en un lago o estanque? La vida sigue sin que nadie eche alimento, cambie el agua ni añada plantas o caracoles. Durante millones de años, las plantas, los animales y otros microorganismos han desarrollado formas especiales para mantener el mutuo equilibrio.

Algunos biólogos (científicos que estudian los seres vivos) se especializan en ecología. La palabra proviene de los términos griegos que significan «estudio de un hábitat». En este caso, el hábitat es el mundo natural que nos rodea. La ecología observa cómo los seres vivos habitan en su medio ambiente, tomando y ofreciendo cosas. Un ecosistema es una comunidad de criaturas que viven juntas y se necesitan las unas a las otras, y que utilizan también elementos inanimados, tales como la tierra, el agua y el aire. Los ecosistemas pueden ser tan pequeños como un charco o tan grandes como un bosque o un desierto.

La mayoría de plantas están habituadas a un hábitat específico, es decir, a una parte especial del ecosistema. Por ejemplo, un bosque proporciona diferentes hábitats: las ardillas construyen su madriguera debajo de las raíces de los árboles; las ardillas grises hacen sus nidos de invierno en los troncos de los árboles; los colibríes confeccionan preciosos nidos en las ramas de los árboles con hojas caídas; los insectos, los ciempiés y los miriápodos se arrastran por las húmedas y putrefactas hojas que cubren el suelo del bosque.

Cuando los hábitats se destruyen, la mayoría de las criaturas que viven en ellos no pueden mudarse y mueren. Entonces, ¿qué ocurre cuando se tala todo un bosque? Cuando los pantanos se agotan o los lagos y los ríos se contaminan, o los arrecifes de coral se destruyen, ¿qué sucede? Muchas de las criaturas que vivían allí se quedan sin techo y pueden extinguirse. Esto significa que muchas de las especies de plantas y animales desaparecen del planeta para siempre.

En un ecosistema, las plantas, los animales y los microorganismos están en equilibrio mutuo. Si el equilibrio se ve perturbado durante algún tiempo, dispone de mecanismos para restablecerse. Imagina un grupo de ratones de campo que se alimentan de una determinada planta. Si el ratón tuviera demasiadas crías, comerían tanto que la planta en cuestión se vería alterada y es posible que los ratones murieran de hambre. Sin embargo, a medida que el número de ratones disminuyera, las plantas volverían a crecer. Los ratones y las plantas volverían a estar en equilibrio.

Asimismo, los ratones producen efectos sobre otros animales. Los zorros se alimentan de ratones. Si hay muchos ratones, los zorros se reproducen más. Por otro lado, si hay muchos zorros pero escasea el alimento, algunos zorros mueren. Entonces, el número de ratones aumenta de nuevo. Así funciona, a modo de círculo.

A veces, cuando especies nuevas se establecen en un lugar determinado, se reproducen muy deprisa, pues no hay nada que se lo impida. Cuando los europeos se establecieron en Australia, trajeron algunos animales de sus países de origen. La mayor parte de estos animales no podían vivir en Australia y perecieron. Pero los conejos se habituaron muy bien a su nuevo entorno. En Australia no tenían enemigos y se multiplicaron rápidamente, convirtiéndose en una plaga que asolaba los cultivos de los agricultores.

Los seres humanos somos una especie excepcional. Podemos vivir en muchos entornos diferentes, pues hemos utilizado nuestro cerebro para desarrollar formas de supervivencia. Por ejemplo, los inuit, en el Ártico, saben cómo mantenerse calientes cuando las temperaturas son extremadamente bajas; conocen la manera de encontrar comida cuando está completamente oscuro durante el día y la noche; saben construir refugios en medio de una tormenta de nieve. Los kung del desierto de Kalahari, en África, son capaces de encontrar agua en las zonas más áridas, pueden encontrar comida siguiendo las huellas de los animales o aprovechando las raíces comestibles y viven bajo el sol abrasador del desierto.

Al igual que los demás seres humanos, has aprendido habilidades especiales para poder vivir en tu entorno. Piensa en algunas.

Paseo en calcetines

Muchas plantas necesitan de los animales para diseminar sus semillas. Algunas semillas se encuentran en el interior de sabrosas frutas. Los animales y los pájaros se las comen, las semillas pasan a su estómago, continúan a través de su aparato digestivo y terminan de nuevo en el suelo, kilómetros más allá. También hay semillas que se pegan a la piel de los animales y se diseminan con sus movimientos. Ponte unos calcetines de lana y observa cuántas semillas puedes coger.

Material necesario

Un par de calcetines grandes, cuanto más
    peludos, mejor
Parque o campo para poder pasear
Día de verano tardío, cuando los frutos
    están maduros
Lupa

Procedimiento

1. Ponte los calcetines encima de los zapatos.

2. Ve a pasear por el parque o el campo.

3. Quítate los calcetines y mira qué semillas has recogido. ¿Algunas cuestan de separar? Míralas con una lupa para ver qué tipo de «ganchos» tienen.

4. Cuando llegues a casa, quizá quieras plantar las semillas para ver qué tipo de plantas crecen. Las hueveras de cartón son unas excelentes macetas porque permiten poner una semilla diferente en cada hueco. Un libro de la biblioteca acerca de las plantas salvajes te ayudará a identificar las plantas que has recogido con el calcetín.

Jardín en una botella

Crea un medio ambiente para las plantas en una botella.

Material necesario

Botella de cristal grande o bote de cristal con tapadera (una abertura ancha facilita su manejo)

Varias plantas pequeñas (necesitas plantas que crezcan despacio y que sean pequeñas, tales como culantrillos, helecho, hiedra y musgo)

Grava

Briquetas de carbón vegetal

Bolsa

Martillo

Coladores pequeños

Tierra abonada

Papel rígido

Periódicos

Procedimiento

1. Limpia la botella con agua y detergente. Aclárala bien y deja que se seque.

2. Extiende algunos periódicos para disponer de una superficie de trabajo.

3. Lava bien la grava y ponla en la base de la botella. La capa de grava debe tener unos 2 o 3 cm de profundidad.

4. Rompe las briquetas de carbón en trozos pequeños. Te sugiero una manera limpia de trocearlas: colócalas dentro de una bolsa y dale martillazos. Pide a un adulto que te ayude. A continuación, vierte los pedazos de carbón en un colador y lávalos debajo del grifo.

5. Pon una capa de carbón en la botella, encima de la grava. La capa de carbón debe ser de unos 1,5 cm de profundidad.

6. Confecciona un embudo enrollando el papel rígido (véase la ilustración). Coloca el embudo en la botella y vierte la tierra abonada. El embudo no dejará que se ensucien los laterales de la botella. Necesitarás unos 5 cm de tierra.

7. En un trozo de papel, dibuja un círculo del mismo tamaño que tu

jardín. Coloca las plantas en el papel. Cuando te guste la distribución de las plantas, ponlas en la botella. No coloques demasiadas; recuerda que las plantas crecerán y llenarán el espacio.

8. Practica orificios en la tierra abonada, hunde con cuidado las plantas en los hoyos y tápalos con tierra.

9. Si quieres adornar tu jardín de botella puedes añadir adornos tales como conchas o pedacitos de madera.

10. Riega el jardín hasta que quede húmedo, pero no lo empapes. Pon la tapadera. Mientras esté tapado, el jardín sólo requerirá agua una vez al mes.

11. Si parece que la tierra está seca, riégala un poco. Si el cristal se empaña de agua, significa que lo has regado demasiado. Si esto ocurre, quita la tapadera unos cuantos días para que se seque.

12. Coloca el jardín de botella en un lugar iluminado, pero no bajo la luz directa del sol. ¡A disfrutar!

Emigración dos veces al año

Algunos animales necesitan dos hábitats para poder satisfacer sus necesidades. Cada año nadan, vuelan o caminan desde sus hogares de invierno a los de verano. Unos cuantos meses después, regresan. Si algunos animales tales como las ballenas grises nos pudieran contar sus historias... ¡Cuántas aventuras deben de tener en sus viajes! Las ballenas grises son los mamíferos que realizan las migraciones más largas, concretamente desde el mar de Bering, donde pasan el invierno, hasta la costa oeste de América del Norte. Es un viaje de 9.650 Km. Engendran y tienen sus crías en las aguas de la Baja California. Después, con sus crías, reemprenden su viaje hacia el norte.

La golondrina ártica es el ave más migratorio que existe. Viaja 40.200 km por todo el Polo Norte hasta el Polo Sur dos veces al año. Incluso algunos insectos migran. Las mariposas monarca parecen demasiado delicadas para soportar el vuelo de unos cuantos metros. Sin embargo, efectúan viajes extraordinarios. Estas mariposas negras, blancas y anaranjadas se marchan de Canadá en septiembre y viajan 3.000 km hasta encontrar su tierra de invierno en México, California y Florida. Pero estas mariposas mueren antes de poder regresar. Milagrosamente, su descendencia, que nunca ha estado en Canadá, hace el viaje de vuelta en primavera.

Dar y tomar

La naturaleza nos ofrece numerosos ejemplos de animales y plantas que se necesitan mutuamente para sobrevivir. Cuando dos seres vivos se ayudan, la relación que establecen se denomina mutualismo. Así, por ejemplo, determinados tipos de peces pequeños se introducen en las mandíbulas de algunos peces grandes para limpiar sus dientes. De este modo, los peces pequeños consiguen un festín y los grandes mantienen su boca libre de parásitos. Y ya puestos, ¿qué es el parasitarismo? Se trata de una relación en la cual una de las criaturas da algo sin recibir nada a cambio.

Algunas de las parejas más interesantes son las formadas por un animal y una planta. El lento perezoso se pasa toda la vida en la jungla. Su piel es verdosa, gracias a las algas que viven en ella, un tipo especial de algas que sólo crece ahí. De esta forma, las algas encuentran un buen hábitat y el perezoso un buen escondite para defenderse de sus enemigos. Algunas hormigas viven en los troncos de las acacias, de los cuales obtienen comida y refugio. Te preguntarás qué obtienen a cambio las acacias de todo esto. Pues muy fácil: si algún animal quiere comer la corteza o las hojas del árbol, las hormigas se apresuran a echarlo.

El aire de la vida

No lo puedes ver, ni tocar, ni oler, ni tampoco degustarlo, pero es tan real como una montaña o un lago. Sin él, no podríamos vivir. Intenta coger aire y aguantar la respiración tanto como te sea posible. Si has aguantado sesenta segundos, lo has hecho muy bien. Una persona puede vivir semanas sin comida y algunos días sin agua, pero sólo unos cuantos segundos sin aire. Sin instrumentos especiales que proporcionen aire no podríamos bucear ni explorar el espacio exterior.

Pero ¿qué es el aire? El aire es un gas. Es decir, sus moléculas (pequeñas partículas que constituyen los bloques esenciales para construir cualquier cosa) no se combinan para formar un líquido o un sólido. Los dos ingredientes principales del aire son el nitrógeno y el oxígeno. El oxígeno es el gas que absorben nuestros pulmones al respirar. Además, el aire también contiene un poco de dióxido de carbono (el gas que las plantas absorben al respirar) y pequeñas cantidades de otros gases. Por último, el aire contiene vapor de agua (agua en su forma gaseosa) y un poco de suciedad.

Aunque no puedas ver el aire, ni coger un puñado de él, podemos asegurar que está ahí. Puedes ver los efectos del aire cuando los árboles se doblan a causa del viento. Puedes inflar un globo y verás que el aire lo hace más grande y esférico. Puedes sentir el aire si te soplas el brazo.

El aire forma una envoltura protectora alrededor de la Tierra. Esta envoltura se denomina atmósfera. La atmósfera filtra una buena parte de los rayos solares perjudiciales, aunque deja pasar otros muchos para que la Tierra se pueda calentar. ¿Cuál es el origen de la atmósfera?

Hace miles de millones de años, cuando la Tierra estaba recién creada, se formó la atmósfera con los gases que se evaporaban del agua y de la tierra, y que emanaban de la lava caliente bajo la superficie del planeta. Esta primera atmósfera de la Tierra era una mezcla de gases que los animales actuales no podrían respirar. Cuando los primeros organismos vivos aparecieron en los océanos, todavía no había oxígeno en el aire. Las primeras plantas cambiaron la composición del aire utilizando el dióxido de carbono y expulsando oxígeno. Al cabo de miles y miles de años, el aire se convirtió en el tipo de aire que respiramos.

En los últimos cien años, los seres humanos hemos logrado que el aire vuelva a alterarse. Hemos talado vastas áreas de árboles, lo que significa que hay menos árboles que absorban dióxido de carbono. Hemos vertido innumerables sustancias químicas tóxicas al aire con los automóviles y las fábricas. La gente solía decir que el aire no se puede ver ni oler, pero ahora esto ya no es cierto, ya que en algunas ciudades podemos ver y oler lo sucio y contaminado que está.

Estos cambios en el aire nos plantean nuevos problemas. Fijémonos sólo en uno de ellos. Puede que hayas oído hablar del «efecto invernadero». Quizá ya sepas que se trata de algo relacionado con el calentamiento del planeta. Pero ¿cómo se produce y cómo podemos detenerlo?

¿Te has fijado alguna vez que, en un día soleado, el interior de un coche se calienta sobremanera? Los rayos de sol pueden atravesar las ventanas de los vehículos, pero el calor que provocan no puede volver atrás y escapar a través del cristal. Los invernaderos utilizan el mismo tipo de calor «atrapado» para que crezcan las verduras y las flores.

Algunos gases de la atmósfera, como el dióxido de carbono, pueden actuar del mismo modo que un cristal. Dejan pasar los rayos del sol para calentar la Tierra, pero no dejan escapar el calor. Es decir, la atmósfera podría volverse cada vez más cálida. Sabemos que la Tierra es ya casi 1 °C más cálida que hace doscientos años. Precisamente hace doscientos años fue cuando los seres humanos empezaron a construir fábricas que vierten dióxido·de carbono y otros gases a la atmósfera.

Las temperaturas más elevadas puede provocar sequías terribles para la agricultura de muchos países. Algunos estudiosos del efecto invernadero creen que a largo plazo podría fundir una parte del hielo polar. A su vez, esto podría provocar una elevación del nivel de los océanos. Los investigadores que estudian estos problemas están de acuerdo en que el planeta debe reducir la cantidad de dióxido de carbono que se vierte a la atmósfera.

El aire de la Tierra fluye por todo el planeta. Cuando hay una tormenta de arena en el desierto africano, parte de la suciedad puede llegar a América del Norte. Las sustancias químicas que se vierten en los campos de Saskatchewan o Nebraska llegan incluso hasta el Polo Norte. Cuando se incendió la central nuclear de Chernobil en la Unión Soviética, Suecia detectó la presencia de sustancias químicas radioactivas en el aire a las pocas horas. No existe la forma de encerrar el aire dentro de las fronteras de un país. Todos los habitantes de la Tierra compartimos la misma atmósfera y todos los Estados deben trabajar juntos para limpiarla.

La prueba de contaminación del aire

El ozono y otros gases en un ambiente contaminado destruyen el caucho. Descubre si el aire de donde vives es saludable.

Material necesario

6 u 8 gomas del mismo tamaño y grosor
Percha
Jarrón de cristal con tapadera
Lupa

Procedimiento

1. Dobla la percha tal como se muestra en la ilustración. La necesitarás para sostener las gomas rectas sin estirarlas.

2. Coloca tres o cuatro gomas en la percha. Cuélgala en el exterior, a la sombra. El sol cambia la goma, pero lo que queremos ver es cómo la cambia el aire.

3. Pon tres o cuatro gomas dentro del jarrón y ciérralo. Colócalo en el interior de la casa, dentro de un armario o de un cajón.

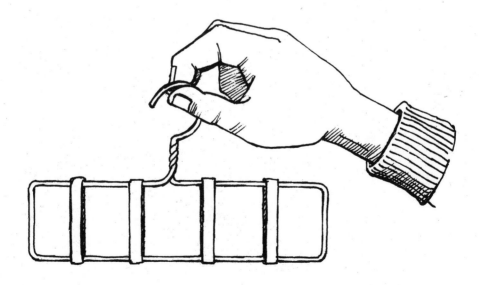

4. Espera una semana. Observa con una lupa las gomas que han estado al aire libre. ¿Se han roto o están estriadas? ¿Qué estado presentan en comparación con las que has mantenido encerradas en el jarrón?

5. Si las gomas están todavía en buen estado, déjalas fuera y espera otra semana. En los lugares donde el aire está contaminado las gomas se rompen en una o dos semanas.

DATOS ASOMBROSOS

El caso de la pantalla solar

En la atmósfera se encuentra una capa de gas llamado ozono. En 1977, un grupo de investigadores hicieron un descubrimiento: encontraron un agujero en la capa de ozono del Antártico. En los últimos diez años, este agujero se ha hecho más grande. Hoy en día, los científicos canadienses han descubierto otro agujero en la capa de ozono. Está situado en el Ártico, sobre la isla Baffin. La mayoría de los estudiosos de la capa de ozono piensan que se están produciendo debido a unos elementos químicos llamados CFCs que se encuentran en los aerosoles y en los refrigerantes de los frigoríficos. ¿Por qué tenemos que preocuparnos si desaparece un gas de la atmósfera?

El ozono constituye el escudo de la Tierra contra el 90% de los rayos ultravioletas del sol. Es muy importante para nosotros, ya que si recibimos demasiados rayos ultravioletas nos quemamos. O aún peor, al cabo de los años, podemos enfermar de cáncer. Además, las radiaciones ultravioletas pueden dañar las cosechas. En septiembre de 1987, cuarenta países firmaron un tratado en el que prometían reducir las emisiones de CFCs a partir de 1994. Pero actualmente, mucha gente piensa que esta medida no es suficiente y propone que se eliminen totalmente estas emisiones lo antes posible. Todavía estamos a tiempo de salvar la capa de ozono... y nuestra piel.

Trampa para la suciedad del aire

El aire puede contener diminutos corpúsculos de arena, suciedad, ceniza y otras sustancias. En la ciudad de México, que sufre un grave problema de contaminación del aire, incluso se han llegado a encontrar diminutos trozos de estiércol flotando en el ambiente. ¿Qué tipo de sólidos puedes encontrar en el aire que respiras?

Material necesario

Plato blanco
Vaselina
Lupa

Procedimiento

1. Cubre el plato blanco con gelatina.

2. Coloca el plato en una repisa de una ventana, al aire libre. Déjalo allí durante una semana.

3. Entra el plato en casa. Utiliza la lupa para ver lo que ha quedado pegado a la vaselina. Son los trozos de sólidos que llevaba el aire.

Nuestro planeta acuoso

Un día caluroso de hace unos ciento cincuenta millones de años (millón más, millón menos), un diplodocus se aproximó al borde de un estanque, torció su largo cuello y bebió. Tenía muchísima sed, Quizá el vaso de agua que bebiste esta mañana estuvo un día en el interior de aquel dinosaurio prehistórico. ¿Cómo es posible? Durante al menos tres mil millones de años, la Tierra ha estado reutilizando la misma agua una y otra vez.

¿De dónde crees que provenía tu vaso de agua? Puede que de cursos subterráneos, de un lago, de un riachuelo, etc. Pero ¿de dónde surgió? Probablemente de la lluvia que cayó de las nubes. Con todo, ¿sabes de dónde procede el agua de la lluvia? No se trata de agua «nueva» que viene de alguna parte del espacio exterior. La lluvia es parte del agua que hay en el planeta.

¿Cómo se eleva el agua hasta las nubes para que pueda caer en forma de lluvia? Evaporándose de los lagos, mares, etc. Al hacerlo, da la sensación de desaparecer, pero en realidad no es así, sino que simplemente cambia de estado: ya no se trata del líquido que vemos habitualmente, sino que se ha convertido en gas y es invisible. El vapor de agua, es decir el agua en forma de gas, se eleva del suelo hasta la atmósfera, donde se convierte de nuevo en agua líquida y cae en forma de lluvia. Este proceso se denomina «ciclo del agua».

En la actualidad, la Tierra es un planeta muy acuoso. El agua y el hielo cubren el 70% de la superficie terrestre. No obstante, existen muchos lugares del planeta donde no hay suficiente agua para lavarse o beber. ¿Cómo es posible?

Verás, el 97% del agua de la Tierra es salada y por lo tanto no potable; un 2% está helada en los glaciares e icebergs; y sólo un 1% permanece en un estado en el cual la podemos utilizar y beber. Hablamos del agua de los lagos, ríos y corrientes subterráneas. Necesitamos 2,4 litros de agua diaria para reemplazar la que perdemos al respirar, sudar y cuando vamos al baño. Bebemos una parte del agua que necesitamos y el resto la ingerimos a través de los alimentos.

Es evidente que, al lavarnos o fregar los cacharros, utilizamos mucha más agua de la que ingerimos. A decir verdad, cada persona en Estados Unidos gasta alrede-

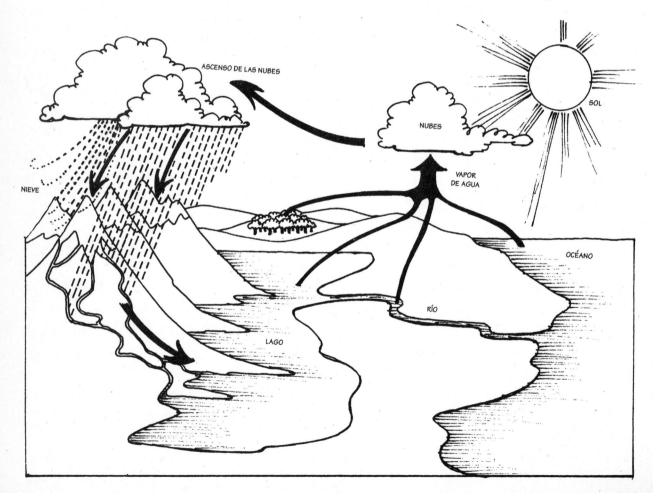

dor de 265 litros de agua cada día. Una parte de ella simplemente se desperdicia. En efecto, desperdiciamos el agua cuando la dejamos correr, cuando lavamos cantidades insignificantes de ropa en la lavadora, etc. Quienes viven en zonas áridas del planeta se han acostumbrado a sobrevivir con cantidades de agua diarias muy inferiores.

El agua debe considerarse un bien precioso. Aun así, habitualmente no somos cuidadosos con las reservas de este bien. Por ejemplo, hay quien vierte aceites o pinturas en el suelo. Estas sustancias se filtran en el subsuelo y llegan hasta las aguas subterráneas. Si una gran industria vierte productos químicos en el suelo, o los entierra, parte de ellos alcanzarán las agua que fluyen por debajo. Las aguas subterráneas no se mueven mucho, permanecen en el mismo lugar durante cientos de años y no hay forma humana de limpiarlas.

Todo lo que los seres humanos hagan para alterar el agua –y el aire– un lugar geográfico determinado también afectará a las personas que viven muy lejos de allí. La lluvia ácida pertenece a este tipo de problemas: cuando las industrias que contaminan, especialmente las que emiten dióxido de sulfuro y óxido de nitrógeno, vierten sus humos a la atmósfera, que caen de nuevo con el agua de la lluvia. Mezclados con el agua, se convierten en ácidos (ácido sulfúrico y ácido nítrico). No obstante, la mayor parte de lluvia ácida no cae en el mismo lugar donde se origina, sino que el viento la transporta a otras partes, a menudo a centenares de kilómetros de distancia.

Cuando la lluvia ácida se precipita, puede desintegrar elementos importantes para la nutrición de las plantas, debilitando los árboles, que después morirán. Cuando el ácido cae sobre lagos, mata a las plantas y a los animales que viven en ellos. El hecho de que el ciclo del agua sea compartido por todo el mundo, hace imposible encontrar una solución a este tipo de problemas a menos que todos los países trabajen unidos.

EXPERIMENTO

Agua fresca y clara

La mayoría de las ciudades y pueblos obtienen el agua de los ríos y de los lagos. El agua se debe limpiar (purificar) antes de poder consumirla. Para eliminar los gérmenes, se le añaden elementos químicos. El agua fluye a través de tanques llenos de arena y grava que filtran la suciedad. Comprueba tú mismo cómo actúa la filtración.

Material necesario

Cubo lleno de agua turbia
Botella de plástico transparente
Filtro de café de papel
Arena
Grava

Procedimiento

1. Pide ayuda a una persona adulta para que corte la parte superior de la botella, unos 10 cm por debajo del tapón.

2. Invierte la parte superior de la botella e introdúcela dentro de la base, como se muestra en la ilustración.

3. Coloca el filtro en la parte superior invertida. Echa una capa de arena en el filtro y otra de grava encima de la

anterior. A continuación, añade una segunda capa de arena.

4. Poco a poco, ve vertiendo el agua enlodada en el filtro. No dejes que sobresalga.

5. El agua caerá gota a gota en la base de la botella. ¿Qué aspecto tiene ahora el agua?

ADVERTENCIA: Aunque ahora el agua parezca mucho más limpia, no es potable. En una planta depuradora de verdad, se añaden elementos químicos para eliminar los gérmenes.

Resultado

Las plantas depuradoras de agua recogen el agua de los lagos o de los ríos y la hacen circular a través de una serie de tanques, añadiendo sustancias químicas para eliminar los sabores desagradables, los malos olores y matar los gérmenes. A medida que el agua va pasando de un tanque a otro, la suciedad sólida se precipita en la base. Por último, el agua se filtra con arena y grava para atrapar la suciedad. El agua limpia se almacena en otro tanque, lista para ir a tu casa.

DATOS ASOMBROSOS

Peligro: ¡Ácido!

¿Cuál es la estación más peligrosa para muchos lagos de Estados Unidos? ¡La primavera! Las nevadas, al igual que las lluvias, pueden estar llenas de ácidos procedentes de la contaminación atmosférica. Durante todo el invierno, la nieve se acumula en el suelo. En consecuencia, el ácido que contiene la nieve también se amontona. En primavera, al derretirse la nieve, el ácido se libera de repente y gran parte del mismo llega directamente hasta los lagos. A veces, el nivel de ácido de un lago puede aumentar mil veces en sólo unas semanas, matando a los insectos, a las ranas e incluso a peces como la trucha o el salmón.

Incubar huevos de camarón

No vas a encontrar huevos de camarón en el estanque local ni en la playa. Solamente pueden vivir en un agua muy salada, como en el Great Salt Lake, en Utah (Estados Unidos). Pero en las tiendas de animales venden huevos de camarón como alimento para peces. A continuación, te explicamos cómo incubarlos.

Material necesario

Huevos secos de camarón (no se podrán incubar si no están secos)
Bote de cristal grande lavado
90 ml (6 cucharadas) de sal no iodada (si hay yodo añadido en la sal, en el paquete pondrá yodada). El yodo es tóxico para los camarones.
15 ml (1 cucharada) de sales Epsom
2 ml (1/2 cucharada) de levadura
Tiza de cera
Lupa
Vaso medidor grande
Agua

Procedimiento

1. Llena el bote de cristal con agua del grifo. Déjala reposar al menos un día para que desaparezca el cloro que contiene. Haz una marca en el bote con la tiza para indicar el nivel del agua.

2. Añade la sal, las sales Epsom y la levadura al agua. Remuévela hasta que estén disueltas (hasta que ya no puedas verlas).

3. Añade unos cincuenta huevos de camarón al agua.

4. Coloca el bote en un lugar cálido y soleado dentro de la casa. La temperatura ideal para la incubación oscila entre los 24 y los 32 °C. Los huevos estarán listos en un día.

5. Cuando los huevos estén incubados, vierte 120 ml de agua en un vaso medidor. Añade un paquete de levadura al agua hasta que tenga una consistencia lechosa. Mientras reposa, irá subiendo, pero no te preocupes.

6. Añade un poco de levadura y agua en el bote, hasta que la jarra tenga el aspecto de una nube. Los huevos se irán comiendo la levadura y el agua volverá a ser clara. Añade un poco de agua con levadura cada día.

7. Si observas los huevos incubados con una lupa, verás lo siguiente: los pequeños camarones están saliendo de los huevos, pero todavía están metidos en una especie de funda transparente. Transcurrido un día entero, las crías de camarón salen de sus sacos. Cada uno tiene una mancha en el ojo y tres pares de antenas. Más adelante, cada camarón desarrollará más patas.

8. Mantén el bote en un lugar soleado. Comprobarás cómo empiezan a crecer algas verdes en el agua y los camarones se las comen.

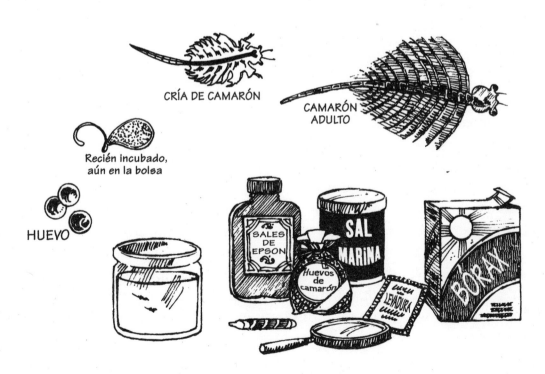

CRÍA DE CAMARÓN

CAMARÓN ADULTO

Recién incubado, aún en la bolsa

HUEVO

SALES DE EPSON

Huevos de camarón

SAL MARINA

LEVADURA

BÓRAX

9. A medida que el agua se va evaporando, el nivel disminuye. Añade un poco de agua del grifo (no agua salada) hasta que llegue a la marca que hiciste con la tiza.

10. Lo más complicado es saber la cantidad de levadura que se debe incorporar. Demasiada podría matarlos, porque envenenaría el agua. Si sucede, repite el proceso con agua limpia y otros huevos.

11. Si consigues mantener vivas a las crías de camarón durante tres semanas, se convertirán en camarones adultos, de unos 6 mm de longitud. Si los observas a través de una lupa, verás las múltiples patas que tienen.

DATOS ASOMBROSOS

La lluvia ácida hace desafinar

¿Qué tiene que ver la lluvia ácida con las campanas de las iglesias? En los Países Bajos, la respuesta es: mucho. Este país tiene unas 15.000 campanas en sus campanarios. En los últimos años, las campanas simplemente no suenan como deberían. Los campaneros se encuentran con que sus campanas ya no están afinadas. Y la causa debemos buscarla en la lluvia ácida que ha corroído el metal de las campanas. A medida que las campanas pierden metal, sus notan suenan más graves. Y lo que es aún peor, las campanas pequeñas pierden el metal más deprisa que las grandes, lo que hace que las diferentes campanas de un campanario no estén afinadas del mismo modo. Por ahora, los holandeses liman el metal de las campanas grandes para convertirlas en campanas del mismo tamaño que las afectadas. No obstante, a largo plazo, las campanas se descompensarán de nuevo, a no ser que la lluvia ácida deje de caer sobre ellas.

Eres lo que comes

¿Qué has comido? ¿Costillas de cerdo? ¿Cuscús? ¿Lasaña? Sería difícil que lo adivinara, porque la gente puede comer muchas cosas diferentes. De todas formas, lo que sí sé es que no has ido a un campo a comer hierba. También sé que no has ido a nadar para comer las plantas que viven en el agua.

Todos los animales, incluidos los seres humanos, tienen que comer. La comida es el combustible que les proporciona la energía necesaria para vivir. Pero cada tipo de animal necesita un combustible distinto. Su cuerpo sólo digerirá ciertas cosas. Otras, simplemente pasan por su aparato digestivo o les hacen enfermar.

Los carnívoros (de la palabra latina que designa a los «comedores de carne») son animales que se alimentan de carne. Los tiburones, los leones y las águilas son carnívoros. Un gato doméstico también lo es. Quizá te gustaría que tu gato dejara de comer pájaros y ratones, y que se inclinara por las judías tiernas, pero su cuerpo necesita carne. Los carnívoros que pueden cazar otros animales y devorarlos se denominan depredadores. Las víctimas se llaman presas.

Algunos carnívoros comen animales que están ya muertos. Se trata de los carroñeros. Los buitres, los cuervos y las hienas son carroñeros. ¿Has visto alguna vez cuervos en la cuneta de una carretera devorando la carcasa de un animal muerto? A veces, verlos nos provoca escalofríos. No obstante, sin los carroñeros, se amontonarían en el suelo rimeros de cadáveres.

Los animales herbívoros, como probablemente ya habrás adivinado, son los que se alimentan de plantas. Los ratones, las vacas y los carboneros son herbívoros. Algunos animales comen tanto carne como vegetales y se denominan omnívoros («que lo comen todo»). Los osos y los mapaches son omnívoros. ¿Y tú qué eres: carnívoro, herbívoro u omnívoro?

Recuerda que los animales y las plantas viven juntos en comunidades llamadas ecosistemas. Todos los seres vivos en un ecosistema están unidos a través de las cadenas alimentarias. Aquí tienes un ejemplo de una cadena alimentaria:

Esto es la hierba.

Esto es una langosta que se come la hierba.

Esto es una rana que se come la langosta que se come la hierba.

Esto es una serpiente que se come la rana que se come la langosta que se come la hierba.

En la base de esta cadena alimentaria encontramos una planta. En la cima, un carnívoro de tercer orden, es decir, algo (la serpiente) que se come a algo (la rana) que se come algo (la langosta) que come plantas. ¿Puedes pensar en alguna cadena alimentaria de la cual formes parte? ¿Están los seres humanos siempre en la cima de las cadenas alimentarias?

Las cadenas siempre empiezan con una planta. El motivo es que las plantas son los únicos seres vivos que pueden captar la energía del sol para procesarla y convertirla en su propio alimento. El modo de fabricar alimento que tiene una planta se conoce como fotosíntesis. Esta palabra proviene de dos vocablos griegos: «Foto», que significa luz, y «síntesis», que significa ordenar las cosas. Las plantas verdes tienen una sustancia química especial en sus hojas que se llama clorofila. La clorofila permite a las plantas utilizar la energía del sol para fabricar alimento con el dióxido de carbono y el agua. Las plantas adquieren el dióxido de carbono del aire y el agua de la tierra.

De alguna manera, las plantas son el único alimento de la Tierra. Para obtener energía, todos los animales deben comer plantas o comer animales que comen plantas. Cuanto más arriba está el animal en la cadena alimentaria, más plantas se necesitarán para alimentarlo. Un campo de hierba puede ser suficiente para cien ratones, pero los ratones sólo podrían alimentar a dos búhos. ¿Por qué? En cada estadio de la cadena alimentaria, se pierde energía. Por ejemplo, supongamos que un ratón se come unas cuantas hojas de un trébol. El ratón adquiere parte de la energía almacenada en el trébol. Pero a su vez, el ratón también utiliza energía, cuando respira y corre de un lado a otro. Cuando un búho se come al ratón, se lleva parte de la energía que el ratón adquirió del trébol, pero no toda.

Dado que siempre se pierde energía en las cadenas alimentarias, siempre se necesita nueva energía solar. Y la tierra necesita muchas plantas para procesar alimento para ellas mismas, para nosotros y para otros animales.

Móviles de cadenas alimentarias

Investiga sobre algunas cadenas alimenticias y conviértelas en arte.

Material necesario

Ramitas de distintos tamaños (coge las que se hayan caído al suelo)
Cuerda, hilo fuerte o lana
Revistas o calendarios de naturaleza que puedas recortar
  o materiales artísticos para hacer tus propios dibujos

Procedimiento

1. Lee algunos libros de la biblioteca sobre animales para descubrir cosas acerca de las cadenas alimentarias. Pide ayuda al bibliotecario para encontrar los libros adecuados. Te proponemos una manera de descubrir una cadena alimentaria. Empieza por un animal carnívoro que te interese, como un búho o un león. Lee acerca de él y averigua lo que come. El búho, por ejemplo, come ratones. A continuación, busca información sobre lo que comen los ratones. Ya tienes una cadena con tres elementos. ¿Cuán larga puedes hacerla? ¿Puedes pensar en una cadena de la cual formes parte?

2. Recorta o dibuja fotografías de seres vivos para las cadenas. Para confeccionar un móvil, necesitas al menos tres cadenas con un mínimo de tres animales cada una. Observa la ilustración de la página siguiente para ver cómo se monta un móvil.

3. Engancha un trocito de hilo, cuerda o lana en la parte superior de cada dibujo. Asegúrate de que el dibujo cuelga recto.

4. Ata la cuerda que sujeta el primer elemento de la cadena en la parte izquierda de un palo o ramita. Une el último elemento de la cadena en el extremo derecho de la misma. Coloca

las otras fotografías en el espacio intermedio. Confecciona dos cadenas más.

5. Coge la rama más larga que tengas. Debería ser suficientemente grande como para que las tres ramitas pudiesen colgar de ella. Observa la ilustración de esta página.

6. Coge dos cuadrados de papel. Escribe CADENAS en uno y ALIMENTARIAS en el otro. Engánchales una cuerda o hilo y hazlos colgar de una ramita.

7. Junta todas las ramas, tal como se muestra en la ilustración. Una cuerda debe estar atada al centro de cada rama de manera que cuelgue en forma recta.

8. Cuelga el móvil y disfruta.

EXPERIMENTO

Banquete para pájaros

Alimentar a los pájaros es fácil. Sólo tienes que esparcir comida en el suelo o en las repisas de las ventanas. También puedes fabricar comederos para pájaros con recipientes viejos. De este modo, reciclas a la vez que alimentas a estos animales.

1. Alimentar a los pájaros en la repisa de la ventana.

Los cuervos, los trepatroncos y los cardenales son aves muy curiosas. Volarán hacia las repisas en busca del comida. Empieza por poner migas de pan en las ventanas, ya que los pájaros las verán con facilidad. Cuando se hayan habituado a venir a tu casa a comer, puedes pasar a darles semillas.

A continuación, te sugerimos un banquete para la repisa de la ventana: haz una pelota con 250 ml (1 vaso) de manteca de cacahuete y semillas; apriétala entre tus manos hasta que esté firme y pon la pelota en la repisa (si tienes jardín, también puedes ponerla en la cerca).

2. Esparcir la comida

La forma más sencilla de alimentar a los pájaros del jardín consiste en esparcir migas de pan o semillas en el suelo. A los pájaros les encantan las galletas para perros troceadas. Coloca varias galletas en una bolsa y átala. Pasa un rodillo por encima de la bolsa para convertir las galletas en finas migas. Espárcelas por el jardín.

Si tienes una chimenea, puedes ayudar a los pájaros durante el invierno. Coloca brasas frías de la chimenea junto a la comida para los pájaros. También puedes convertir en arenisca unas cuantas cáscaras de huevo y sacarlas fuera. A los pájaros les ayuda a digerir la comida y cuando el suelo está cubierto de nieve resulta muy difícil encontrar arena.

3. Rosquilla

2 tapaderas de plástico o de metal
Clavo largo
Tornillo con tuerca
Martillo
Rosquilla
Cuerda

1. Pide permiso a un adulto antes de utilizar el martillo. Trabaja en un banco de trabajo o encima de un tablón de madera para no dañar la mesa o el suelo con los martillazos.

2. Clava el clavo en el centro de las dos tapaderas. Gira el tornillo para hacer más anchos los agujeros.

3. Introduce el tornillo en una de las tapaderas y a continuación pincha la rosquilla. Coloca la otra tapadera en el otro lado de la rosquilla y apriétala contra ella. Enrosca la tuerca para sujetar la tapadera.

4. Utiliza la cuerda para colgar la rosquilla de la rama de un árbol.

4. Comedero con un cartón de leche

Cartón de leche vacío de 2 litros
  y lavado
Tijeras
Pajita de plástico o ramita pequeña
  de madera
Regla
Clavo

1. Corta un lateral del cartón de leche a unos 4 cm de la base, como muestra la ilustración 1.

2. Mide 4 cm hacia dentro del cartón, como se muestra en el dibujo 2. Recórtalo. Ahora tienes un lugar para la percha de los pájaros y un tejado para mantenerlos secos.

3. Haz dos agujeros y coloca la pajita de plástico a modo de percha en la base del cartón. Haz otro agujero también en la parte superior para poder colgar el comedero de un árbol. También puedes clavarlo a un poste.

4. Coloca semillas en el comedero y mira quién viene a cenar.

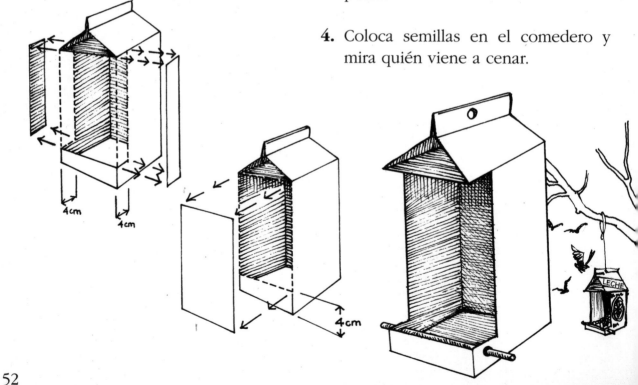

5. Comedero de margarina

2 tarrinas de margarina vacías,
    una de 500 g y otra de 250 g
Pajita de plástico
Hilo de nailon
Clavo

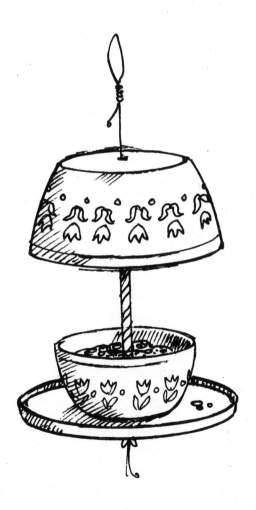

1. Utiliza el clavo para hacer agujeros en el centro de cada base de las tarrinas de margarina y en la tapadera del mayor.

2. Introduce el hilo de nailon por los agujeros, como se muestra en la ilustración. La tarrina grande, boca abajo, representa el tejado. La paja, por la cual habrás introducido el hilo, ayuda a sostener el tejado. La tarrina pequeña es el plato de comida. La tapadera de la tarrina grande es la bandeja que hace de base del comedero.

3. Cuando todas las partes estén bien sujetas, haz nudos en los extremos del hilo. Ata el comedero a la rama de un árbol y llena el plato con semillas.

Trucos para alimentar a las aves

Si puedes, coloca dos o tres comederos para pájaros. Algunos pájaros son muy «matones» y cuando hayan encontrado un buen lugar para comer ahuyentarán a los demás. Si hay distintos sitios para comer, tendrán más oportunidades.

Cuando empieces a alimentar a los pájaros, no te detengas, pues les habrás creado una dependencia. Si dejas de ponerles comida en invierno, pueden morir de hambre.

A quién le gustan...

Las pipas: a los cuervos, cardenales, carboneros y jilgueros.

El mijo: a los juncos, jilgueros, gorriones y escribanos de nieve.

Los cacahuetes: a los cuervos, carboneros y jilgueros.

El sebo y la grasa de tocino: a los carboneros, estorninos y herrerillos.[*]

[*] Para aprender a confeccionar un comedero de sebo, véanse las pp. 56-57.

DATOS ASOMBROSOS

Carrera de obstáculos para ardillas

En muchos lugares de Estados Unidos es difícil alimentar a los pájaros sin dar de comer también a las ardillas grises. La gente lo ha intentado con palos engrasados y platos inclinados debajo del comedero, con objeto de hacer resbalar a las ardillas. Pero a menudo, las listas ardillas consiguen hacerse con la comida. Un equipo de Gran Bretaña que estaba rodando una película sobre las ardillas grises decidió ponerlas a prueba. Prepararon una carrera de obstáculos para ardillas que terminaba con un comedero lleno de cacahuetes.

Para conseguir la comida, las ardillas tenían que trepar por un palo, colgarse de una cuerda, correr por un túnel y saltar encima de un balancín. Mientras caminaban por el balancín, éste se inclinaba y las ardillas tenían que saltar hacia otra superficie. Después, debían pasar por una cadena, por otro túnel y por una segunda cuerda. (La mayoría de ardillas pasaron por la cuerda colgadas boca abajo.) Por último, tenían que subirse por una chimenea y dar el último brinco hasta la bandeja de cacahuetes. La carrera entera era de unos 14 m de longitud. La primera ardilla que llegó a los cacahuetes, tardó dos semanas y dos días. Muy pronto, las demás ardillas del grupo fueron capaces de hacerlo. Después de practicar un poco, consiguieron alcanzar los cacahuetes en 24 segundos.

EXPERIMENTO

La grasa les sienta bien a los pájaros

Los carboneros, estorninos, herrerillos y otros pájaros pueden absorber mucha energía de estas magdalenas de grasa.

Material necesario

Ingredientes para las magdalenas:

125 ml (½ vaso) de sebo de buey
125 ml (½ vaso) de manteca
   de cacahuete
750 ml (3 vasos) de harina
Bandeja para magdalenas de 12 unidades

Moldes de papel para magdalenas
Cuchillo de cocina
Cucharón
Hervidor doble
Manoplas
Bolsa de malla, como las de las cebollas
   o las patatas

Procedimiento

1. Forra la bandeja para magdalenas con los moldes de papel.

2. Pide permiso a una persona adulta para utilizar el horno. Coloca un poco de agua en la parte inferior del doble hervidor. Caliéntalo hasta que empiece a hervir. Baja el fuego.

3. Corta el sebo en trozos pequeños. Si no tienes permiso para utilizar cuchillos de cocina, pide ayuda a un adulto para llevar a cabo esta parte. Coloca los trozos de sebo en la parte superior del hervidor y mete éste en el horno. Remuévelos hasta que se derritan.

4. Mezcla la harina con la manteca de cacahuete.

5. Ponte las manoplas. Con cuidado, vierte la mezcla en la bandeja para magdalenas. Deja que reposen hasta que estén frías y firmes.

6. Desmolda y pela las magdalenas. Pon tres o cuatro en la bolsa de malla y cuélgalas de un árbol. Guarda el resto en el congelador. Puedes utilizarlas para alimentar a los pájaros otro día.

¿El apetito más voraz del mundo?

En lo más profundo del océano vive un pez muy extraño. Es conocido como el «gran tragón», no porque sea muy grande, sino por los copiosos banquetes con los que se deleita. El animal en cuestión mide menos de 10 cm de largo. No obstante, un barco de investigación hace poco encontró uno de estos peces que parecía haberse tragado algo enorme. Los rayos X que le practicaron revelaron que había engullido una anguila de 38 cm. La anguila estaba totalmente enrollada en el estómago del tragón.

Un pez como éste, con una cena tan pesada, casi no se puede mover. Entonces, ¿por qué come tanto? Los investigadores de los peces que viven a gran profundidad creen tener la respuesta. En el lugar donde estos peces viven, a 1.800 m de profundidad, no hay luz solar, tampoco hay plantas ni animales que se alimenten de plantas. Los únicos peces que hay son carnívoros que se depredan los unos a los otros. Las presas no pasan nadando muy a menudo, así es que tienen que aprovechar la oportunidad cuando ven una. ¿Qué harías tú si no?

ANTES DE COMER

DESPUÉS DE COMER

Prueba una comida vegetariana

Se necesita una cantidad enorme de cereales para alimentar a las vacas y a otros animales para que después nos los podamos comer. Si la gente se comiera los cereales u otras plantas en lugar de animales, podríamos alimentar a más gente a un coste más bajo. Prueba una comida vegetariana y baja en la cadena alimentaria.

Material necesario

Cacerola grande
Escurridora o colador
Sartén
Cucharones
Cuchillo para cortar las verduras
Cucharas medidoras
Bol grande para servir

*Ingredientes para la ensalada de macarrones:**

225 g de macarrones
90 ml de aceite de oliva o de sésamo
100 g de almendras blancas
100 g de champiñones cortados en conserva
½ cebolla pequeña cortada

2 apios cortados
100 g de queso rallado
El zumo de un limón
Un pellizco de cayena en polvo
2 huevos duros, sin cáscara y cortados
25 g de pipas de girasol tostadas
Sal

Procedimiento

👆 **1.** Lleva a ebullición una cacerola grande de agua salada. Añade los macarrones y déjalo enfriar siguiendo las instrucciones del paquete.

👆 **2.** Mientras se cuecen los macarrones, corta la cebolla y el apio. Pide permiso a una persona adulta para utilizar el cuchillo. Si todavía no estás

---

* Se trata de una comida lacto-vegetariana. Los lacto-vegetarianos no comen carne, pero sí huevos, leche, queso y otros productos básicos.

autorizado para manejar cuchillos, deja que una persona mayor haga esta parte. Ralla el queso.

3. Escurre los macarrones en la pica. Es difícil porque la cacerola pesará mucho y el agua estará muy caliente. Pide a un adulto que haga este paso.

4. Deja correr agua fría encima de los macarrones y escúrrelos de nuevo. Pon los macarrones en el bol para servir. Añade 15 ml de aceite de aceite y mézclalo todo.

5. Pon 15 ml de aceite en la sartén. Cuando esté medio caliente, fríe las almendras hasta que estén doradas. Remuévelas y no las pierdas de vista ni un momento. A continuación, añade los champiñones y fríelos, removiendo, durante 1 o 2 minutos.

6. Vierte el contenido de la sartén al bol de macarrones. Añade los 60 ml restantes de aceite (4 cucharadas). Después, añade los demás ingredientes. Pon un punto de sal. Prueba la ensalada para comprobar si está bien de sal, antes de añadir más. Mezcla bien todos los ingredientes. Disfruta de tu ensalada.

¡Qué desperdicio!

¿Alguna vez has tenido un gato, un perro o un periquito? ¿Qué haces para cuidar de un animal doméstico? Tienes que alimentarlo, claro. También tienes que limpiar. Un gato tiene una caja para los excrementos. Un perro puede utilizar un rincón especial en el jardín. Los excrementos de los periquitos caen en el papel que se pone en la base de la jaula. Debes de pensar que estaría bien tener un animal que nunca tuviera que ir al baño. Pero esto es imposible. Todos los organismos vivos tienen que tomar agua y comida, y todos producen desperdicios. Si no se desprendieran de sus excrementos, los intoxicarían.

Lo curioso es que los residuos de un organismo pueden ser útiles a otro ser vivo. Por ejemplo, nosotros expulsamos un gas denominado dióxido de carbono. Es un residuo de nuestros pulmones. Pero las plantas necesitan dióxido de carbono para vivir, y en cambio expulsan oxígeno a través de sus hojas porque no lo necesitan. Nosotros inspiramos oxígeno para seguir vivos.

Cada año, las hojas caen de los árboles en otoño. Quizá te toca a ti retirarlas. ¿Te has preguntado alguna vez qué sucede con las hojas que caen en los bosques? Nadie las recoge, pero no se apilan en una montaña de hojas cada vez más alta. Es porque se descomponen. Las bacterias y los hongos crecen en las hojas, descomponiéndolas en trozos pequeños. Estos trozos son comida para gusanos, insectos y plantas.

Cuando un conejo muere en el bosque, puede que un cuervo se lo coma. Las moscas ponen huevos en su carcasa y otros insectos se llevan trocitos de él. Por último, las bacterias descomponen el cadáver. Todos los elementos químicos útiles que estaban en el cuerpo del animal muerto terminarán dentro de otros animales vivos o en el suelo, donde los utilizarán las plantas.

Las cosas más valiosas de nuestro planeta son infinitas. Hay mucho aire, tierra y aire, y todos los seres vivos debemos compartirlo. La naturaleza recicla cosas sin cesar, utilizándolas reiteradas veces. Por desgracia, las personas no son siempre tan positivas y eficaces cuando de residuos se trata.

La mayoría de los seres humanos vivimos en grandes comunidades, en ciudades o pueblos. Esto significa que tenemos un problema especial para deshacernos de los residuos que producimos. Además, somos diferentes de otras criaturas porque fabricamos cosas con piedras, ladrillos, cristal, arcilla y metales. Estas cosas no se reciclan de forma natural como las cosas orgánicas (las que una vez estuvieron vivas). Asimismo, creamos materiales nuevos como el plástico y sustancias químicas que no

habían existido antes en la Tierra. Normalmente, no hay nada en la naturaleza que utilice este tipo de cosas a partir de su descomposición. Ésta es la razón por la cual mucha basura producida por las personas se acumula en el medio ambiente.

En el pasado, la gente no tiraba demasiadas cosas. Guardaban las bolsas para reutilizarlas, no tiraban las prendas de vestir viejas, sino que las reconvertían en ropa para los niños o cubrecamas, y las más desvencijadas se usaban como trapos para la limpieza. Casi todo el mundo reciclaba tanto como podía. En los países más pobres, hoy en día, mucha gente reutiliza las cosas.

En los últimos veinte años, los países ricos hemos empezado a usar cosas desechables. Muchas ciudades actuales se están quedando sin espacio para verter las basuras. Una gran parte de los elementos químicos de nuestros residuos se filtran en el suelo, el agua, el aire, etc., y contaminan el ambiente.

En Estados Unidos, una persona media produce en casa 1 kg de basura diaria. Si le sumamos los desperdicios producidos en el trabajo, llega hasta casi 2 kg diarios. ¿Qué hay en la basura? Alrededor de un 37% es papel; un 10% vidrio; y casi un 10% metal. Alrededor del 9% son plásticos, un 8% es comida y un 18% residuos de jardín. La mayor parte de la comida y los residuos del jardín se podrían utilizar como abono (véase la p. 64). Aunque el resto de la basura no puede ser reciclada por la naturaleza, sabemos cómo reutilizar el papel, el cristal y los metales, y se está trabajando en el problema del reciclado de los plásticos.

El reciclaje es una cuestión de sentido común. Por ejemplo, extraer los metales de la naturaleza y convertirlos en latas de aluminio lleva mucho trabajo. Si fundimos las latas de aluminio y usamos de nuevo el material, sólo consumiremos el 10% de la energía que habríamos utilizado para fabricar una lata nueva. En la mayoría de las grandes ciudades actuales, la gente puede reciclar periódicos viejos, botellas y tarros de cristal, y latas. El reciclaje ahorra energía y dinero, y ayuda a reducir la polución. El reciclaje contribuye a salvar el medio ambiente y por lo tanto hará que puedas disfrutar de un aire limpio y de agua pura cuando seas mayor. ¿Reciclas mucho en tu casa?

Pon basura y saca abono

¿Puedes hacer algo útil con las hojas y las pieles de las verduras y frutas que tiras a la basura? Sí, puedes confeccionar un abono fantástico para el jardín.

Material necesario
Gran cubo de basura con tapadera
Palo largo para remover el abono
Tierra
Ingredientes para abono (véase
   Procedimiento)

Procedimiento
1. Pide a un adulto que haga de veinte a treinta orificios en la tapadera, laterales y base del cubo de basura. Los agujeros de la base son necesarios para permitir que drene el exceso de agua.

2. Pon tierra de jardín en la base del cubo de basura. A continuación, tira frutas y verduras (las cáscaras, huesos, poso del café, puntas de zanahoria y otros residuos que no vayas a aprovechar). No pongas carne ni huesos de origen animal, ya que pueden atraer a las moscas y a las ratas. Cuando empieces a confeccionar el abono, pon la misma cantidad de tierra que de residuos vegetales en el cubo.

3. Añade algunas hojas en descomposición y recortes de hierba.

4. Añade algunos animales de tierra, tales como escarabajos o gusanos.

5. Remueve el abono con el palo. Debe estar húmedo, pero no empapado. Échale un poco de agua si ves que está demasiado seco. Añade tierra seca si te parece que el compuesto está demasiado húmedo.

6. Echa restos de vegetales siempre que puedas, añadiendo cada vez la misma cantidad de tierra. Remueve la mezcla cada 2 o 3 días.

7. Cuando el cubo esté lleno hasta ¾ de su capacidad, para de echarle resi-

duos y deja que repose de 3 a 6 semanas. Después, tendrás un abono rico para tu jardín. Si todavía está demasiado terroso, puedes colarlo con una red metálica para ventanas mientras lo vas echando en el jardín.

EXPERIMENTO

El jardín-basura

Algunas cosas son biodegradables. Esto significa que las bacterias y otros microorganismos del suelo las pueden descomponer. Otras cosas no lo son. Descubre cuáles son biodegradables y cuáles no.

Material necesario
Como «plantas» para tu jardín utiliza:

Trozo de tela de algodón 100%, de una toalla o de una camiseta vieja

Distintos tipos de papel (un trozo de bloc, una hoja de periódico, una página de una revista, etc.)

Vaso de espuma de poliestireno o cajita de hamburguesa

Papel de aluminio

El hueso de una manzana o de una pera

Bolsa de plástico para bocadillos

Trozo de tela de lana (un trozo de guante que esté desaparejado)

Paleta de jardín
Regadora
Palos de helado
Área de tierra en el jardín o en una jardinera grande

Procedimiento
1. Pide permiso antes de excavar hoyos en el jardín, que deberán tener alrededor de 10 cm de profundidad cada uno. Haz tantos como cosas quieras plantar.

2. Pon un poco de agua en cada hoyo, introduce el material que desees, cúbrelo de tierra y coloca un palo de helado en cada hoyo para saber dónde están las cosas.

3. Riega el jardín cada día durante un mes. Desentierra los materiales. ¿Cómo están? ¿Cuáles se están descomponiendo? ¿Cuáles están igual que cuando los plantaste? (¡Qué estén sucios y húmedos no cuenta!)

¡Qué degradable!

Algunos tipos de papel higiénico son más biodegradables que otros. Descubre lo rápido que se descomponen los distintos tipos de papel en el agua.

Material necesario

Trozos de tantos tipos de papel higiénico como puedas conseguir. Pide a tus amigos y familiares trozos de sus casas y coge un poco de la escuela, de restaurantes, etc.

Botes de agua con tapadera (uno para cada trozo de papel). Todos deben tener el mismo tamaño

Cinta adhesiva

Procedimiento

1. Corta dos trozos de papel de cada tipo. Las piezas deben tener el mismo tamaño.

2. Pega una de las piezas en la parte exterior del bote para saber qué tipo de papel hay dentro. Puedes escribir el nombre del papel, si lo sabes, en el trozo exterior. Pon el otro trozo dentro del bote.

3. Realiza la misma operación con todos los trozos de papel que tengas. Llena los botes de agua y tápalos.

4. Agita cada bote veinte veces. ¿Alguno de los papeles ha empezado a cambiar?

5. Deja los botes en reposo durante una semana. A continuación, agítalos de nuevo. ¿Qué tipo de papel se ha descompuesto más? ¿Cuál se ha descompuesto menos? ¿Notas la diferencia entre el papel blanco y el coloreado en cuanto a tiempo de descomposición? ¿Cuál crees que es más contaminante? ¿Y el menos contaminante?

Para reflexionar

¿Por qué crees que era importante que todos los botes tuvieran el mismo tamaño? ¿Por qué has tenido que agitarlos el mismo número de veces?

Hay algo debajo de la cama

Sí, hay algo debajo de tu cama en este mismo momento, y en la alfombra e incluso dentro de tu cama. ¡Ñam, Ñam, Ñam! Millones de diminutos ácaros del polvo viven en la suciedad de tu casa. Están comiendo su alimento favorito: ¡trocitos de tu piel!

La capa externa de la piel se desprende continuamente. Pero no te preocupes, se regenera, es decir que no pierdes piel. De hecho, estos trocitos constituyen una parte importante de la suciedad de la casa y los ácaros del polvo ayudan a limpiarla. Son demasiado pequeños para verlos. A la mayoría de nosotros no nos causan problemas, pero a muchas personas les hacen estornudar. Lo que les molesta no es la suciedad, sino los ácaros que habitan en ella.

¡ÑAM!

¡ÑAM!

¡ÑAM!

¡ÑAM!

Botella de música

Si has guardado botellas para reciclar, diviértete con ellas antes de tirarlas al contenedor.

Material necesario
8 botellas de vidrio del mismo tamaño
Agua
Palo

Procedimiento

1. Llena la primera botella de agua. Ésta será tu nota más grave: Do. Golpea la botella con el palo y escucha la nota.

2. Llena la segunda botella 2 cm menos que la primera. Esta botella será el Re. Si la nota no está bien afinada, añade o saca agua. Puedes comparar las notas con un piano u otro instrumento musical que tengas a mano.

3. Llena el resto de las botellas de agua, cada una con un poco menos de agua que su predecesora. Afínalas añadiendo o sacando agua según convenga hasta conseguir toda la escala: Do, Re, Mi, Fa, Sol, La, Sí, Do.

Afinar una orquesta de botellas puede resultar muy difícil. A menudo, las botellas no tienen el mismo grosor en el vidrio, es decir que puede ser que dos botellas con la misma cantidad de agua suenen distinto. Si no consigues afinarlas, pide ayuda a un adulto, mejor si tiene conocimientos musicales.

4. Intenta tocar melodías simples con las botellas. Te proponemos una para que te vayas iniciando:

Mi Re Do Re   Mi Mi Mi   Re Re Re   Mi Sol Sol
Mi Re Do Re   Mi Mi Mi   Mi Re Re   Mi Re Do

¿Conoces la canción? ¿Qué más puedes tocar?
P.D. ¡No olvides reciclar las botellas!

DATOS ASOMBROSOS

¡El hedor!

Cuando los turistas proyectan un viaje a París, normalmente esperan visitar la Torre Eiffel. No obstante, en París, hay otra gran atracción debajo de la ciudad: el sistema de alcantarillado. Cada lunes y miércoles por la tarde, los guías llevan a los turistas a través de túneles subterráneos, pasando junto a apestosos canales de aguas residuales. Un río sucio de color gris fluye a su lado. También se puede visitar el Museo de la Historia de las Cloacas, con una proyección audiovisual.

Los túneles de las cloacas forman una vasta y misteriosa ciudad subterránea de unos 2.000 km. Por supuesto, los turistas sólo visitan parte de ella... ¡si no, se perderían durante el *tour*!

Gigantes de madera

Existen seres vivos mucho más grandes que nosotros y muchísimo más longevos (a veces, miles de años). Están a nuestro alrededor, pero nunca dicen nada. No te preocupes, no hablo de extraterrestres, ¡sino de los árboles! Los árboles son los seres vivos de más edad que habitan nuestro planeta. En la actualidad, existen árboles vivos que nacieron cuando se construyeron las pirámides en el antiguo Egipto. Si los árboles pudieran hablar, imagina las historias que podrían contar.

En las ciudades, vemos árboles crecer aquí y allá en las calles, en los jardines y en los parques. Pero sólo unos cuantos centenares de años atrás, la mayor parte de América del Norte era un bosque enorme. Hubo una época en que toda Europa y gran parte de África, India y China eran frondosos bosques. Hoy en día, sólo el 30% del mundo son bosques y dicha cantidad disminuye con rapidez. Cada minuto, un área de bosque tropical tan grande como veinte campos de fútbol se tala o se quema.

¿Por qué nos quedamos sin bosques? Existen muchas razones. En todo el mundo se talan los árboles para fabricar muebles, construir más carreteras y líneas de ferrocarril. En los países donde hay mucha población pobre y con muy poca extensión de terreno donde vivir, los árboles se talan para cultivar campos o alimentar al ganado. En América Central, en los últimos veinticinco años, se ha talado una cuarta parte de los árboles para convertir la tierra en pasto para el ganado. Casi todo el buey que se cría en estos parajes acaba en los restaurantes de comida rápida de Estados Unidos.

En Canadá, muchos árboles se talan por su madera y para fabricar papel. De hecho, el papel y la pasta de papel son las industrias más importantes de Canadá.

¿En cuántas cosas valiosas puedes pensar que provengan de los árboles? Veamos: manzanas, naranjas y otros muchos frutos. Nueces, almendras y cocos. Mesas y sillas de madera, paredes y suelos, por no mencionar los bates de béisbol, esquíes y raquetas de tenis. Pero la lista no termina aquí. ¿Sabías que el chocolate, el café y especias como la canela, el clavo o la nuez moscada provienen de los árboles? Muchas medicinas y sustancias químicas se hacen con las hojas y la corteza de los árboles.

Los árboles desempeñan funciones en las que a menudo no pensamos. Muchos de los animales del mundo construyen sus casas en los árboles. Un bosque no es sólo un grupo de árboles, sino una maravillosa y ocupada comunidad de insectos, arañas, pájaros y mamíferos de todo tipo.

Los grandes bosques se denominan «pulmones del mundo», porque limpian el dióxido de carbono del aire y expulsan agua y oxígeno. Cuando se talan los grandes bosques, se producen cambios en la tierra e incluso en el clima. Una buena parte del agua que expulsan las plantas vuelve a caer en forma de lluvia. Si no hay árboles, llueve menos. Algunos investigadores piensan que talar los árboles podría alterar el clima del planeta entero, convirtiéndolo en más caluroso y seco.

Quizá la función más importante que tienen los árboles sea la de aferrarse al suelo con las raíces. Incluso cuando hay grandes tormentas, los árboles se sostienen. Amparan del viento y protegen a otras plantas y animales. En los climas áridos, las raíces sujetan el árbol al suelo para que no se lo lleve el viento, mientras que en los climas húmedos, los bosques actúan a modo de esponjas gigantes. Las raíces de los árboles se sujetan al suelo y éste absorbe el agua de la lluvia. Los árboles impiden que la lluvia fluya demasiado rápido por el suelo y en consecuencia evitan las inundaciones y que el agua arrastre la tierra (erosión).

¿Alguna vez has paseado por la carretera en un día caluroso y después te has adentrado en un bosque? Si es así, sabrás que entre los árboles la temperatura es más baja. El dosel que forman las frondosas ramas te proporciona sombra. El aire es húmedo y fresco. Siéntate debajo de un árbol y espera unos minutos. Enseguida notarás toda la vida que zumba, chirría y corre a tu alrededor, desde miriápodos hasta ardillas. Como ya habrás advertido, los bosques constituyen uno de los tesoros más maravillosos del mundo.

Mira cómo respiran las plantas

Las plantas verdes son muy importantes para la vida animal, porque producen el oxígeno que los animales necesitan para respirar. Por esta razón, a los bosques se les llama los pulmones del mundo. Te proponemos un experimento para ver el oxígeno que expulsan las plantas a través de las hojas.

Material necesario

Bol grande

Bote de cristal transparente, ancho

Plantas acuáticas de un estanque o una tienda de animales domésticos que venda accesorios para acuarios

Procedimiento

1. Llena el bol de agua. Coloca las plantas acuáticas en el fondo del bol.

2. Hunde el bote de cristal en el bol de manera que se llene de agua. A continuación, ponlo boca abajo sobre las plantas.

3. Coloca el bol y el bote en un lugar soleado. Déjalo allí durante unas cuantas horas y después obsérvalo atentamente.

Resultado

Pronto podrás distinguir varias líneas de burbujas ascendiendo por el agua del bote. Se trata de burbujas de oxígeno que provienen de las plantas. Del mismo modo, aunque no lo puedas ver, las plantas terrestres lanzan oxígeno al aire. Si dejas las plantas acuáticas dentro del bote un poco más de tiempo, verás cómo se forma una capa de aire en la parte superior del bote.

EXPERIMENTO

Se lo lleva el agua

¿Realmente detienen la erosión las raíces de las plantas?

1. ¿Césped al rescate?

Material necesario

2 bandejas de metal para pasteles
Regadera
Tierra abonada
Semillas de césped
2 cubos u otros recipientes para recoger
   el agua sobrante
Periódicos o tapete de plástico
Vaso medidor

Procedimiento

1. Llena una de las bandejas con tierra abonada.

2. Esparce semillas de césped en la tierra e introdúcelas en ella. Riega la bandeja.

3. Coloca la bandeja en un lugar soleado y riégala dos veces al día. Dentro de dos o tres semanas tendrás tu pequeña cosecha de hierba.

4. Llena la segunda bandeja con tierra abonada.

75

5. Cuando la hierba de la primera bandeja esté un poco crecida, coloca la otra bandeja a su lado, encima de una mesa. Ponles algo debajo para inclinarlas y arrímalas al borde de la mesa. (La inclinación debe ser suficiente para que el agua se deslice por la bandeja sin que la tierra se desprenda.) Las dos bandejas han de tener el mismo grado de inclinación.

6. Si llevas a cabo el experimento dentro de casa, extiende periódicos o un tapete de plástico en el suelo para no mojar el suelo. Tanto si lo haces fuera como dentro, coloca dos cubos u otros recipientes debajo de cada bandeja para recoger el agua.

7. Llena la regadera con 250 ml de agua y riega la bandeja en la que solamente pusiste tierra. Vierte la misma cantidad de agua en la bandeja en la que plantaste la hierba.

8. ¿Cuánta agua cae en el cubo situado debajo de la bandeja con tierra? ¿Cuánta tierra cae en el cubo? ¿Dónde crees que la erosión será más eficaz, en un monte lleno de suciedad o en un monte lleno de césped?

2. Arar para ahorrar tierra

Material necesario
2 papeles para el horno
Tierra abonada
2 cubos
Regadera

Procedimiento
1. Llena de tierra los papeles para el horno.

2. Utiliza los dedos para practicar surcos en la tierra. En un papel, ara en línea recta de punta a punta, y en el otro papel, hazlo en forma de serpiente. Esta segunda forma se denomina «arado de contorno».

3. Sigue los mismos pasos que en la actividad anterior. Inclina los papeles para el horno y riégalos. Compara la cantidad de agua que se escurre en cada papel. ¿Qué tipo de arado crees que debería utilizar un agricultor en un campo?

DATOS ASOMBROSOS

Medicinas del bosque

¿Sabías que casi la mitad de las medicinas que recetan los médicos están hechas de plantas? Se han encontrado plantas que curan enfermedades en todo el mundo, pero los bosques tropicales son la fuente más rica de plantas medicinales. Por ejemplo, el 70% de las plantas que pueden ayudar a las personas que tienen cáncer provienen de los bosques tropicales. En realidad, esto no es muy sorprendente, ya que aunque los bosques sólo constituyen el 10% de la superficie del planeta, es en ellos donde se encuentran casi la mitad de las flores del mundo.

No obstante, todavía existen miles de plantas del bosque sin experimentar. A medida que los bosques van siendo destruidos, desaparecen muchas de estas plantas. Desde que empezaste a leer esta página se han talado alrededor de 80 hectáreas de bosque y quizá los seres humanos hayamos perdido la oportunidad de conocer cosas sobre medicinas maravillosas.

Reciclar papel

Haz algo para salvar los árboles: recicla algunos periódicos.

Material necesario

Agua
8 páginas de periódico
Periódicos extras
Cubo de plástico
Cacerola mediana
Detergente lavavajillas
Colador
Guantes de goma
Batidora eléctrica
Bol grande para mezclar
Cucharón
Un trozo cuadrado de malla de alambre, de 20 × 20 cm
De 10 a 12 bayetas absorbentes, pañales de ropa o toallas viejas (absorbente significa que chupa el agua)
Libro o cualquier otro objeto pesado

Procedimiento

1. Corta el periódico en tiras largas y delgadas. Colócalas en el cubo y cúbrelas con agua del grifo. Deja que se vayan empapando durante toda la noche.

2. Por la mañana tira el agua que los papeles no han logrado absorber. Coloca el papel en la cacerola. Añade 15 ml (una cucharada) de detergente lavavajillas. Cubre el papel con agua del grifo.

3. Coloca la cacerola en el horno y deja que se cueza durante 2 horas a fuego lento. Observa la cacerola de vez en cuando para ver si todavía contiene agua. Añade un poco más de agua si lo crees necesario.

4. Escurre la cacerola con el colador en el fregadero. El agua se irá y el papel se quedará en el colador.

5. Lava el papel con agua fría del grifo. Mueve un poco el papel para que el agua toque todas las tiras.

6. Este paso requiere la batidora eléctrica. No la utilices sin el permiso de un adulto. Colócate los guantes de goma. Coge una mano de papel y colócalo en la batidora. Añade agua del grifo hasta que el recipiente para batir esté lleno ¾ de su capacidad. Bate durante 1 minuto.

7. Coloca el papel batido, llamado pasta de papel, en un bol grande.

8. Bate el resto del papel (cada vez debes poner una mano de papel). Añade siempre agua a la batidora como hiciste en el paso 6. Vierte toda la pasta en el bol.

9. Añade agua a la pasta del bol hasta la mitad. Con un cucharón, remueve el agua y la pasta.

10. Extiende un trozo de tela absorbente en una superficie lisa. Si utilizas una mesa, coloca un plástico debajo de la ropa para evitar dañarla con el agua.

11. Mete la malla en el bol. El objetivo es conseguir una capa fina de pasta. Si la primera vez no obtienes el resultado deseado, inténtalo de nuevo.

12. Éste es un paso difícil. Deja la malla mojada en pasta encima de la prenda.

13. Presiona con la malla contra la prenda. Eleva la malla dejando la pasta en la ropa. Coloca otro trozo de ropa en la prenda y presiona de nuevo.

14. Repite los pasos 12 y 13, uno encima de otro, hasta que no te quede pasta. Habrás obtenido un enorme «sándwich» de ropa y pasta. Coloca un peso encima de las capas para que ejerza presión. Déjalo reposar durante 24 horas.

15. Con cuidado, retira los trozos de papel y ponlos encima de periódicos para que se sequen. Puedes confeccionar tus propias felicitaciones de Navidad. En el dorso puedes escribir: reciclado por (tu nombre) para salvar un árbol.

Árboles misteriosos

El árbol elefante del norte de México quería conservar las pocas hojas que le quedaban. Si alguna criatura daba un tirón a sus hojas, el árbol lanzaba una niebla terriblemente espesa que cubría todo lo que se encontrara a 1 m de distancia. Los animales que se alimentaban de hojas, pronto aprendieron a buscarse otro alimento.

El extraño árbol welwitschia de África tiene un tronco de 1 m de diámetro. (El diámetro es la distancia de un lado del tronco a otro pasando por el centro). Sin embargo, sólo mide 30 cm de altura. Y lo que es más extraño, el welwitschia tiene únicamente dos hojas, que crecen mucho y se agitan tanto con el viento que parecen cadenas de papel crepé.

El baniano, un árbol de la India, parece tenerlo todo al revés. Le salen las raíces de las ramas. Luego, tienen que ingeniárselas para llegar hasta el suelo. Cuando finalmente consiguen enterrar las raíces en la tierra, se vuelven tan gruesas que parecen troncos adicionales. Algunos banianos pueden llegar a tener 350 raíces. ¡Un solo árbol parece un bosque entero!

Cuidemos nuestra casa

Si alguien te preguntara dónde vives, ¿qué le responderías? Lo más probable es que dijeras el nombre de tu calle o de tu ciudad. No obstante, ahora ya sabes que el medio que compartes con otros animales y plantas también es tu casa. No esparcimos la basura por nuestras casas y tampoco deberíamos hacerlo en la naturaleza. Necesitamos aire limpio, agua pura, tierra y sol para estar vivos y mantenernos sanos.

La mayor parte del tiempo que el ser humano ha vivido en la Tierra, la población era reducida, las herramientas que utilizaba eran sencillas, la naturaleza era vasta, podía recolectar plantas y cazar animales porque no se extinguían. Es decir, la Tierra reciclaba los residuos, de modo que se podía tomar cualquier cosa de la naturaleza con la certeza de que siempre habría más. ¿Por qué no podemos vivir así hoy en día?

Una de las razones es que los seres humanos han sido capaces de inventar muchas cosas útiles, como las medicinas, los tractores o los frigoríficos. Todos estos inventos nos han ayudado a comer mejor, a estar más sanos y a prolongar nuestra esperanza de vida. En 1830 la población mundial ya alcanzaba los mil millones de personas. Ahora, casi ciento setenta y cinco años más tarde, la población se ha incrementado hasta cinco mil millones, y sólo durante tu vida, puede que se doble de nuevo hasta diez mil millones. Recuerda que cada persona nueva debe tener un sitio para vivir, comida, ropa, aire para respirar y agua para beber.

Actualmente, hay un número enorme de seres humanos, pero éste no es el único problema. Los individuos modernos han inventado máquinas tales como las sierras de cadena, que les permiten cortar árboles a una velocidad vertiginosa. Disponemos de excavadoras, que permiten construir estanques y pantanos. Tenemos grandes fábricas que expulsan veneno en el aire y lo vierten en las aguas. Abonamos los campos con productos químicos letales que acabarán con los alimentos y el agua. Los coches contaminan el aire. Estamos echando a perder los hábitats de los demás animales y envenenando el aire, el agua y la tierra necesarios para todos los seres vivos.

La mayoría de nosotros sabemos que debemos dejar descansar a los hábitats de tanto echarles basura, gases y humos. Tenemos las herramientas y los conocimientos necesarios para limpiar nuestro hogar: la Tierra. Lo único que necesitamos es desearlo.

Aquí es donde entran en escena los niños. Tú heredarás lo que los mayores dejen de la Tierra. A menudo, los adultos trabajan tan duro para seguir adelante que no se paran a pensar en los efectos a largo plazo de lo que están haciendo. ¿Dónde van a ir los animales cuando todos los árboles hayan sido talados? ¿De dónde sacaremos el agua para beber y dónde nadaremos si echamos basuras y sustancias químicas en los ríos, lagos y mares? Muchos adultos se olvidan de formularse estas preguntas. Puedes recordarles que tu futuro se verá afectado por lo que ellos están haciendo.

No tienes que esperar a ser mayor para ayudar a mejorar el medio ambiente. Lee la lista de veintiocho cosas que puedes hacer para salvar el medio en la página 89. Quizá puedas pensar también en otras formas. Pide a tu familia que siga tu ejemplo y explícalo también a tus amigos. Te parecerá que no estás haciendo demasiado, pero si todos los niños trabajasen para cuidar el entorno, la ayuda sería considerable.

Los nativos de América del Norte nos pueden enseñar mucho acerca de respetar la Tierra, porque piensan en las ballenas, cuervos y otras criaturas como si se tratase de sus hermanas y hermanos. Los nativos perciben la tierra, los árboles y el agua como algo que se debe cuidar. ¿No es hora de que también nosotros empecemos a pensar de esta forma?

Ahorrar energía

En los lugares más fríos del país, la gente intenta ahorrar energía aislando su casa, colocando espuma en las puertas y en las ventanas. ¿Da resultado?

Material necesario

Agua

Vaso

Caja de cartón que se cierre, lo bastante grande para contener el vaso

Termómetro

Bolas de algodón o de papel

Cinta adhesiva aislante

Tijeras

Nevera

Papel y lápiz

Procedimiento

1. Coloca el vaso lleno de agua a temperatura ambiente en la caja. Practica un orificio en la tapadera de la caja e introduce el termómetro hasta que toque el agua.

2. Mete la caja en el frigorífico. Cada tres minutos, lee la temperatura que marca el termómetro y anótala. Sigue así hasta que la temperatura haya descendido hasta 4 °C. ¿Cuánto tiempo tarda en bajar?

3. Reinicia el experimento, pero esta vez coloca bolitas de algodón o de papel alrededor del vaso. Pon la caja en el frigorífico y anota de nuevo las temperaturas. ¿Desciende más despacio o más deprisa? ¿Crees que el aislamiento del vaso con las bolitas está funcionando?

4. Realiza varios cortes en los laterales de la caja. De nuevo, coloca un vaso con agua a temperatura ambiente. Mete la caja en el frigorífico. Anota la temperatura como lo hiciste en los pasos anteriores. ¿Baja más deprisa o más despacio con los cortes? ¿Por qué?

5. Empieza de nuevo con otro vaso de agua a temperatura ambiente, pero esta vez tapa con cinta aislante adhe-

siva los cortes. Mira la temperatura. La cinta actúa a modo de aislante.

¿Crees que ayuda a no dejar entrar el aire frío?

DATOS ASOMBROSOS

Redes fantasma

La mayoría de las flotas pesqueras actuales pescan con la ayuda de redes. Estas redes están hechas de un material que nunca se pudre y pueden adentrarse 40 km en el océano. Pero son invisibles y no atrapan a los peces en una bolsa, sino que los enredan. También constituyen una trampa para todo lo que las toca. Millones de mamíferos marinos han sido asesinados de esta forma. Un estudio de las redes del norte del Pacífico utilizadas para pescar salmones reveló que también mataban a otras criaturas marinas: 750.000 aves marinas, 20.000 marsupiales, 700 focas y muchas ballenas pequeñas. Recuerda que esto sólo aconteció en una parte del Pacífico y durante un solo año. Y lo que es peor, a menudo los barcos echan involuntariamente redes al mar, que se hundirán durante años y años, transformándose en redes fantasma que atraparán a una infinidad de criaturas marinas que jamás serán liberadas y morirán irremisiblemente.

Manos y aletas salvadoras

Una mañana, la gente de la playa de Tokerau, en Nueva Zelanda, encontró unas ochenta ballenas varadas en la arena. Todo el mundo corrió al agua para ayudarlas. Sabían cómo ayudarlas sin que se enfadaran y sin hacerles daño. No intentaron empujarlas mar adentro mientras la marea estaba baja, sino que optaron por meterse en el agua con ellas y mantener su piel húmeda mientras les hablaban con dulzura. Al subir la marea les dieron la vuelta y las adentraron en el mar.

En aquel momento, ocurrió algo asombroso. Un grupo de delfines empezó a nadar alrededor de las ballenas y les hicieron de guía hasta las profundidades. Esto puede parecer inverosímil, pero ya había sucedido antes en Nueva Zelanda. Una vez, un helicóptero vio cómo varios delfines guiaban a las ballenas de la playa hasta el fondo del océano. Los delfines son animales de costa y conocen las bahías y las calas mejor que las ballenas. Parece que a los delfines les gusta compartir lo que saben con sus aturdidos visitantes.

EXPERIMENTO

Confecciona una placa solar

La mayoría de los hogares se calientan con recursos no renovables (petróleo y gas natural). No renovables significa que han sido extraídos de la tierra y que no podemos fabricar más. Pero el sol constituye una fuente de energía que no se agotará en millones de años. Algunas personas calientan el agua con placas solares en los tejados. Descubre cómo funciona una placa solar.

Material necesario

2 bandejas de plástico del mismo tamaño para escurrir platos
Bolsa de basura de color negro
Cinta adhesiva aislante
2 termómetros
Papel y lápiz
Cristal o plástico transparente un poco más grande que la bandeja
Día soleado y claro

Procedimiento

1. Alrededor de las diez de la mañana, coloca las dos bandejas al aire libre, en un lugar soleado. Pon la bolsa de basura de color negro en una de las bandejas, de manera que cubra la base y los laterales. Pégala con cinta aislante.

2. Llena las bandejas de agua fría. Si tienes que llevar el agua en un cubo, pide ayuda a un adulto.

3. Con el termómetro, mide la temperatura del aire. Después, mide la temperatura del agua de las bandejas. Anota las tres temperaturas.

4. Coloca el cristal o plástico encima de la bandeja que tiene la bolsa de basura. Si usas un cristal, pide ayuda a una persona mayor. La bandeja con la bolsa de la basura y el cristal es tu placa solar.

5. Una vez cada hora, durante las próximas cuatro horas, anota la temperatura del aire y luego la del agua. ¿Qué has descubierto? ¿Por qué tenemos otra bandeja que no ha sido convertida en placa solar? ¿Habrías podido averiguar cómo funciona una placa solar con sólo una bandeja?

Resultado

Cuando una placa solar calienta el agua de una casa, funciona del modo siguiente: la placa es una caja oscura y grande que está situada justo debajo del tejado. La base de la caja es metálica y está pintada de color negro. Este color absorbe los rayos solares mejor que los demás. La caja está cubierta con un cristal. Dentro de la caja, entre el metal y el cristal, están los tubos por cuyo interior fluye el agua. Cuando brilla el sol, el agua se calienta, y los tubos, que recorren toda la casa, transportan agua caliente para que podamos disfrutar de una buena ducha.

EXPERIMENTO

Veintiocho cosas que tú y tu familia podéis hacer para salvar el medio ambiente

Hay muchas cosas sencillas que tú y tu familia podéis hacer a diario para dañar menos el entorno.

1. Antes de tirar un papel a la basura, asegúrate de que no hay partes en blanco en el dorso. Si así es, utilízalas para dibujar o córtalo en cuadraditos que servirán como papel para notas junto al teléfono.

2. Reutiliza los sobres grandes que llegan a tu buzón. Simplemente coloca una etiqueta nueva sobre la dirección (cualquier trozo de papel servirá) y envíalo de nuevo.

3. La mayoría de las familias reciben mucho correo que luego se debe tirar a la basura. Si no quieres leerlo, supone un gran desperdicio de papel. Mándalos de regreso al remitente explicando que no te interesa recibir este tipo de correo.

4. Si es posible, dúchate en lugar de bañarte. Las duchas gastan menos agua que los baños. Enjabónate y después vuelve a abrir el grifo.

5. No tires los últimos trozos de jabón. Pégalos en la próxima pastilla.

6. No uses el inodoro como si se tratara de un cubo de la basura. No tires pañuelos de papel en el inodoro después de sonarte la nariz; hazlo en la papelera.

7. No tires ningún producto peligroso o tóxico en el fregadero ni al suelo.

8. Compra envases en espray, que realizan la misma función que los aerosoles pero sin dañar la atmósfera.

9. Elabora abono con los restos de comida, con los corazones de manzana y las pieles de patata. Te asombrarás de la poca basura que generas y tu jardín te lo agradecerá.

10. Compra los huevos en hueveras de cartón, no de espuma de poliestireno.

11. Cuando vayas al supermercado, compra los envases del tamaño más grande posible. En primer lugar, es más económico, y en segundo lugar, se desperdicia menos. Por ejemplo, una caja grande de cereales es más barata y genera menos residuos que un cartón de cereales individuales.

12. Compra algunos alimentos, como las pasas y las alubias, a granel. Actualmente, incluso se puede comprar a granel en los supermercados. De este modo, podrás reutilizar los envases. Además, suele resultar más económico que comprar los productos empaquetados.

13. Escribe cartas de protesta a las empresas que generan muchos residuos y que fabrican envases muy contaminantes para sus productos, incluyendo los restaurantes de comida rápida y los fabricantes de juguetes. Apoya a las empresas que intentan elaborar envases que se puedan reciclar.

14. Averigua si en tu vecindario hay contenedores para reciclar botellas, latas y papel. Asegúrate de que en tu casa se reciclan este tipo de productos. Si en tu comunidad no hay forma de reciclar, lee lo que te proponemos:

15. Escribe al alcalde de tu ciudad pidiéndole con urgencia un programa de reciclaje para el papel, el cristal y el metal.

16. Pide a los profesores si tu escuela puede ser el lugar donde se reciclen los envases. Además, la clase puede obtener dinero para actividades practicando el reciclaje.

17. Es probable que no tengas más remedio que comprar productos envasados en plástico porque es la única manera en que se venden. Si acaban en la basura, contaminarán durante mucho, mucho tiempo. ¿Qué puedes hacer con ellos? Puedes utilizar un envase grande de helado para poner tus lápices de colores. Los envases de helado y de margarina pueden utilizarse como recipientes para guardar cosas en el frigorífico o como macetas para las plantas. Los envases de yogur sirven para poner pinturas. Si no los utilizas, en las guarderías y en los centros de día sabrán cómo aprovecharlos. En la biblioteca, encontrarás libros que te enseñarán a transformar los envases vacíos en regalos. Averigua lo artista que eres.

18. Ahorra. El papel para envolver regalos se puede alisar para volver a utilizarlo. Lo mismo sucede con los aros de goma y la cuerda.

19. Utiliza trozos de tela de sábanas viejas o ropas que ya no utilizas para confeccionar trapos en lugar de utilizar papel y otros tejidos de usar y tirar.

20. No tires la ropa que no deseas. Quizá haya alguien en la familia o en el barrio que la necesite. También puedes venderla en una tienda de segunda mano o entregarla en un centro benéfico para que la distribuyan entre la gente necesitada.

21. No tires la basura (goma, papel, plástico, latas, etc.) al suelo ni en los estanques o riachuelos.

22. Baja la calefacción y ponte un jersey. Reduce la temperatura del termostato aún más durante la noche, cuando todos estén bien abrigados.

23. Apaga el televisor si nadie lo está mirando y las luces cuando salgas de una habitación.

24. Si puedes, ve andando o en bicicleta en lugar de utilizar el coche. Es mejor para ti, ahorra energía y disminuye la contaminación.

25. Cuando utilices un aparato eléctrico, asegúrate de que estás aprovechando al máximo la energía. Por ejemplo, pon la secadora en marcha cuando haya mucha ropa para lavar, no sólo para una camisa o unos calcetines.

26. Si es posible, compra artefactos que funcionen con energía humana en lugar de con pilas o electricidad. Por ejemplo, ¿realmente necesitas un cepillo de dientes eléctrico? Tu dentista te enseñará a lavarte los dientes adecuadamente con un cepillo común.

27. Habla con tus padres y con otros parientes y amigos acerca del medio ambiente y de cómo podemos protegerlo. Compartid ideas para ahorrar energía y reciclar cosas.

28. Quizá tu familia realiza donaciones a Cáritas a o otras organizaciones con regularidad. ¿Apoyan a algún grupo de defensa del medio ambiente?

Índice de experimentos

EL JUEGO DE LA CIENCIA

Títulos publicados:

1. **Experimentos sencillos con la naturaleza** - *Anthony D. Fredericks*

2. **Experimentos sencillos de química** - *Louis V. Loeschnig*

3. **Experimentos sencillos sobre el espacio y el vuelo** - *Louis V. Loeschnig*

4. **Experimentos sencillos de geología y biología** - *Louis V. Loeschnig*

5. **Experimentos sencillos sobre el tiempo** - *Muriel Mandell*

6. **Experimentos sencillos sobre ilusiones ópticas** - *Michael A. DiSpezio*

7. **Experimentos sencillos de química en la cocina** - *Glen Vecchione*

8. **Experimentos sencillos con animales y plantas** - *Glen Vecchione*

9. **Experimentos sencillos sobre el cielo y la tierra** - *Glen Vecchione*

10. **Experimentos sencillos con la electricidad** - *Glen Vecchione*

11. **Experimentos sencillos sobre las leyes de la naturaleza** - *Glen Vecchione*

12. **Descubre los sentidos** - *David Suzuki*

13. **Descubre el cuerpo humano** - *David Suzuki*

14. **Experimentos sencillos con la luz y el sonido** - *Glen Vecchione*

15. **Descubre el medio ambiente** - *David Suzuki*